다시 태교할 수 있다면

다시 태교할 수 있다면

발행일   2022년 8월 3일

지은이   신농부
펴낸이   손형국
펴낸곳   (주)북랩
편집인   선일영   편집   정두철, 배진용, 김현아, 박준, 장하영
디자인   이현수, 김민하, 김영주, 안유경   제작   박기성, 황동현, 구성우, 권태련
마케팅   김회란, 박진관
출판등록 2004. 12. 1(제2012-000051호)
주소   서울특별시 금천구 가산디지털 1로 168, 우림라이온스밸리 B동 B113~114호, C동 B101호
홈페이지 www.book.co.kr
전화번호 (02)2026-5777   팩스   (02)2026-5747

ISBN   979-11-6836-424-0 03590 (종이책)   979-11-6836-425-7 05590 (전자책)

(주)북랩 성공출판의 파트너

북랩 홈페이지와 패밀리 사이트에서 다양한 출판 솔루션을 만나 보세요!

홈페이지 book.co.kr   •   블로그 blog.naver.com/essaybook   •   출판문의 book@book.co.kr

작가 연락처 문의 ▶ ask.book.co.kr

작가 연락처는 개인정보이므로 북랩에서 알려드릴 수 없습니다.

RE 태교

다시 태교할 수 있다면

신농부 지음

지나고 보니 아쉽게만 느껴지는 임신 기간
겪어 본 엄마가 알려주는 더 **똑똑한 태교 가이드**

북랩

'내가 만약 태교를 다시 할 수 있다면, 나는 어떻게 할까?' 라는 화두로 글을 쓰기 시작했습니다. 육아를 같이 하는 부모들에게 물어보기도 하고, 육아 선배, 임신을 준비하는 지인들뿐 아니라 육아와 태교에 관심이 많은 사람의 이야기도 참고하여 책으로 엮어 보았습니다. 이 한 권의 책으로 태교를 끝낼 수는 없겠지만, 최소한 지금보다 당신 자신을 더 잘 알게 될 것입니다. 그 앎이 태교 그리고 육아하는 당신의 삶을 조금 더 편안하게 해주길 바라는 마음으로 한 장 한 장 글을 채워 나갔습니다.

30대 중반에 결혼한 나는 결혼 후 양가에서 2세에 대한 질문을 많이 받았습니다. 하루라도 젊을 때 낳고 싶은 마음이 있어 나도 임신을 기다렸습니다. 임신을 확인하고는 다른 여느 산모들처럼 일반적인 태교를 시작했습니다. 아이에게 좋다는 태교를 하면서 문득 '태교는 누구를 위한 거지?'라는 생각을 할 때도 있었지만, 남들과 비슷하게 태교했습니다. 다만 제가 스트레스 받는 영어나 수학 공부는 하지 않았습니다.

아이를 낳고 나서 몸이 힘들거나 아이에게 지치고, 화가 날 때면 태교 때를 회상합니다. 태아에게 바라는 건 딱 하나 '건강'이었습니다. 태아를 대하는 마음으로 육아하면 많은 것을 내려놓고, 나의 조급함을 알아차릴 수 있습니다. 아이가 발달이 늦거나 나를 화나게 만들 때면 태교 때 붕붕이를 기다렸던 심정을 떠올려봅니다.

태교책에 '육아'라는 단어가 나오니 어색할 수도 있을 겁니다. 질문 하나만 하겠습니다. '우리는 태교를 왜 하는 걸까요?' 태아가 잘 지내길 바라기 때문이겠죠. '태아가 잘 지내길 바라는 이유는 무엇일까요?' 태어난 내 아이가 잘 자라기를 바라는 마음이겠죠. '아이를 잘 자라기 위해서는 무엇이 필요할까요?' 부모가 자기 자신을 잘 알아야 합니다. 왜 그럴까요? 궁금하다면 주변 육아 선배들에게 질문해 보십시오. 이해되지 않을 겁니다. 나도 아이를 낳기 전까지 육아는 전혀 몰랐던 세계였습니다. 결혼뿐 아니라 임신과 육아도 직접 경험해보지 않으면 모릅니다. 육아 선배들의 말을 들은 후에 조금 이해했어도, 직접 경험해 봐야 비로소 알게 됩니다. 당신의 아이와 생을 함께하면서 경험해 보시길 바랍니다.

이 책에 관심을 보인 당신, 임신하셨거나 준비 중일 겁니다. 이도 아니라면 소중한 누군가에게 선물을 준비하는 걸 수도 있겠죠. 임신 전후 혹은 아이를 낳기 전과 후의 차이를 어떻게 설명할 수 있을까요? 책을 준비하고 쓰는 기간 내내 생각했습니다. 그러던 중 코로나19가 발생했습니다. 코로나19 이후로 당신의 삶의 변화가 크겠죠? 코로나19와는 다른 방향이지만 임신과 육아도 당신의 삶에 커다랗게 변화를 줍니다. 하지만 미리 겁먹지 마세요. 당신 가족을 위해 책을 볼 정도의 당신이면 충분히 잘 해내실 수 있습니다.

차분한 마음으로 당신을 바라보세요. 당신은 지금도 충분히 아름답고 멋진 사람입니다. 지금보다 더 행복한 당신의 삶을 응원하며, 이 책이 도움이 되었으면 합니다.

* 붕붕 : 아들의 태명 & 애칭

신농부 씀

붕붕 아빠

전라남도 완도에서 태어나, 목포에서 고등학교에 다녔고, 대학생 때 서울에 정착했습니다. 붕붕 엄마와 선을 보고 6개월 만에 결혼 생활을 시작했습니다. 동네 놀이터에서 붕붕이 친구 부모를 만나면 낯설어하며 집으로 돌아 온 적도 있습니다. 붕붕이와 함께 텔레비전을 보고 블록 놀이를 하는 걸 좋아합니다. 가장 좋아하는 외출 장소는 마트, 고궁, 워터파크입니다. 워터파크는 아이와 함께 가기 가장 좋아하는 장소입니다. 붕붕 아빠는 신중한 사람입니다. 행동은 빠르지 않지만, 결정하면 자신의 말에 책임을 집니다. 애정 표현을 못하지만, 가족의 안위를 가장 먼저 생각하는 가장입니다. IT 개발자로 직장생활을 하고 있습니다.

붕붕 엄마

전라남도 완도에서 고등학교까지 다녔고, 대학 졸업 후 서울살이를 시작했습니다. 붕붕 아빠와 고향이 같고, 어린 시절 옆 동네에 살았지만, 붕붕 아빠에 대한 기억은 없습니다. 이 점은 붕붕 아빠도 마찬가지입니다. 말 빠르고, 성격 급하고, 말하면서 행동하는 사람입니다. 엘리베이터를 타면 누구보다 빠르게 버튼을 누릅니다. 붕붕이 어린이집 엄마들과 단체 채팅방을 만들고 육아 정보를 공유합니다. 어린이집 엄마들 번개 모임에선 연락책으로 통합니다. 판매직, 건설회사 경리, 영유아 학습지 교사, 리더십 강사, 체험활동 인솔교사 등의 일을 하였고, 현재는 주부라는 직업을 가지며 글을 쓰고, 네이버 블로그 '서울사는 신농부'를 운영 중입니다.

붕붕

서울에서 태어났지만 전라도 억양을 구사하는 귀여운 때쟁이입니다. 졸린데 자지 못하면 징징이 대마왕으로 변합니다. 붕붕 엄마가 가장 힘들어하는 순간이지요. 친구와 지하철을 타고 이동하는데, 같이 간 친구가 지하철을 기차로 말했다고 다섯 번 넘게 친구에게 지하철이라고 말하는 아이입니다. 친구가 들어주지 않자, 엄마인 나에게 와서 기차 아니고 지하철이라고 말했습니다. 명확하고 단호한 아이입니다. 놀이터에서 친구들이 간식을 먹으면 살며시 다가가 "주세요."를 말할 정도로 먹는 것을 좋아합니다. 어린이집 가는 것보다 엄마랑 노는 걸 더 좋아하고, 엄마 아빠와 나들이 가는 걸 사랑합니다. 세상에서 가장 잘하는 것은 놀기입니다.

차 례

프롤로그 • 5

가족 소개 • 8

Chapter 1

임신을 확인하는 순간 · 15

01	태교의 시작		18
	TIP 1	태교 종류	22
02	2개월		28
03	3개월		32
04	4개월		36
05	5개월		40
	TIP 2	나라별 태교법	44
06	6개월		49
07	7개월		54
	TIP 3	꼭 필요한 출산용품	58
08	8개월		63
09	9개월		68
10	10개월		73
	TIP 4	가진통? 진진통?	78
	To do 1	태담 편지	80

Chapter 2

내 부모님은 말이지 · 83

11	엄마가 내 엄마여서 좋은 이유	86
12	아빠가 내 아빠라 좋은 이유	92
13	엄마가 내 엄마라 싫은 이유	97
14	아빠가 내 아빠라 싫은 이유	102
15	엄마가 바라는 나	107
16	아빠가 바라던 나	112
17	내가 되고 싶은 부모의 모습	117
TIP 5	책을 장난감으로 만드는 법	122
To do 2	부모님 인터뷰	127

Chapter 3

Life companion · 131

18	평온한 배우자	134
19	말이 없는 배우자	139
20	한계선을 넘은 배우자	144
21	배우자와 중요한 이것	149
22	전우애가 필요한 때	154
23	배우자에게 바라는 것	160
24	가치관의 차이	165
TIP 6	칭찬 잘하는 노하우	170
To do 3	육아 시 예상되는 어려움	173

Chapter 4
나를 알고, 너를 만나다 · 177

25	내 기분을 좋게 하는 것들	180
26	내가 가진 좋은 점들	185
27	나를 욱하게 하는 것들	191
28	힘들 때 나만의 대처법	196
29	내가 아이를 사랑하는 법	201
30	나의 한계점은?	207
31	나 자신 사랑하기	212
	TIP 7 언어 자극법	218
	To do 4 내 마음속 소리 듣기	224

Chapter 5
너와의 역사를 만들 준비 · 227

32	육아란?	230
33	육아 원칙 1	235
34	육아 원칙 2	240
35	영유아를 바라보는 나	245
36	나는 부모다	250
	TIP 8 책 추천	255
	To do 5 아기랑 함께 하고 싶은 버킷 리스트	258

Bonus 1.	먹(고) 놀(고) 잠(자고)	261
Bonus 2.	수면교육	265
Bonus 3.	손 탄다 vs 많이 안아줘라	269

에필로그: 태교는 엄마 아빠가 함께 하는 것 · 273
참고 자료 · 277

Chapter 1

임신을 확인하는 순간

임신을 확인하고 태교를 어떻게 하지? 고민할 때 나는 주저 없이 글쓰기를 선택했습니다. 선물 받았던 한지 노트와 만년필을 꺼내 태아에게 하고 싶은 이야기를 적어나갔습니다. 한 장 두 장을 쓰고, 세 번째 장이 되자 뭘 써야 할지 막막했습니다. 글쓰기를 꾸준히 해 왔고, 글쓰기 프로그램의 운영진을 해 왔음에도 그랬습니다.

눈에 보이지 않는 존재에게 쓰는 편지는 막연했습니다. 나만 그럴 거라고 생각지 않습니다. 임신하면 몸과 마음이 변한다는 걸 알고 있었지만, 들었던 것과는 또 달랐습니다. 여행을 준비할 때 사진과 동영상을 보고 지식을 채워가지만, 여행지에 도착했을 때의 기분은 또 다른 것처럼 말이죠. 임신 경험도 그랬습니다. 많이 보고 들어 알고 있었지만, 현실이 되니 또 다르더라고요.

임신은 해 본 사람만 아는 것이지만, 해 본 사람마다 경험이 다릅니다. 누구는 편했고, 누구는 입덧이 심했고, 또 다른 이는 태동이 심해 힘들었다고 합니다. 첫 임신은 대부분 무섭고 두렵지만, 환희를 느낍니다. 좋기도 하면서 싫기도 하지요. 이런 복합적인 감정은 말이나 글로 설명할 수 없는 그 무언가가 있습니다.

이번 장은 세 가지로 구성되어 있습니다. 내가 임신했을 때 썼던 실제 태교 일기, 당신의 이야기를 쓸 공간, 태교 팁입니다. 개월 수마다 당신의 상태에 집중해 보길 바랍니다. 40주 동안 몸과 마음에 대해 써보세요. 어떤 변화가 있는지, 아이와 교감은 어떻게 하는지요. 세상에 대해 내 아이에게 해주고 싶은 말을 써보세요. 누구를 보여주기 위한 글이 아닙니다. 편안한 상태에서 눈을 지그시 감고 몸에서 하는 말을 들어보세요. 쓸 말이 당장 생각 안 날 수도 있습니다. 그렇다고 해도 자신을 탓하지 마세요. 내 몸과 마음에서 하는 이야기를 듣고 글로 표현해 보세요. 최고의 태교는 편안한 몸과 마음을 유지하는 겁니다.

태교의 시작

붕붕이의 태교 일기를 시작하며

내 인생에서 설레고, 기쁘고, 궁금하게 한 인연인 아가야, 너를 만나는 순간들을 기록하기 위해서 노트를 꺼냈다. 엄마가 된다는 생각에 두렵기도 하지만, 네가 어떤 모습으로 나타날지 궁금하기도 하단다. 내 생애 첫 경험이라 어색하고, 서투르지만, 우리 서로 노력해 나가자. 우리에게 와줘서 고맙다!

임신을 확인한 날

긴가민가? 초음파 사진을 접하기 전까지 엄마의 마음이었어. 너를 기다렸기에 더욱 조심스러웠어. 집에서 임신 진단 테스트를 하고 아빠에게 테스트기를 보여줬단다. 네가 아빠의 웃는 모습을 봤어야 하는데, 그 어느 때보다 환하게 웃었어.

이날부터 너의 태명을 고민했단다. 엄마 배 속에 있을 때 불릴 이름이라 짓는 게 쉽지는 않았어! 하지만 할 거야. 엄마 아빠잖아.

💧 임신을 확인하는 순간 어떤 생각이 먼저 들었나요?

💧 태교는 무엇이라 생각하나요?

💧 태교해야 하는 이유는 무엇일까요?

💧 태교할 때 중요한 것은 무엇일까요?

임신을 확인하면 무엇부터 해야 할지 태교로 뭐가 좋을지 고민하게 됩니다. 급한 마음을 조금 내려놓으세요. 심호흡 한번 하시고, 차분히 준비해도 됩니다. 당신이 좋아하는 것으로 태교하세요. 당신이 만족하고 행복해야 태아도 그렇습니다.

태교로 새로운 무언가를 더 하고 싶다면, 영유아 발달 공부를 추천합니다. 앞으로 만날 아이의 발달과 행동을 예측하면 육아 시 이벤트가 생겨도 매우 놀라지 않습니다. 아이의 발달 특징을 알면, 그렇지 않은 부모보다 조금 더 의연하게 대처해 나갈 수 있습니다. 영유아에 관해 공부했던 게 실제 육아에 도움을 받았습니다. 육아가 시작되면 공부할 시간이 부족합니다. 육아에서의 예습은 당신에게 심적 부담감을 줄여줍니다.

내가 하고 싶은 태교 리스트

음악 태교

음악 태교는 좋은 음악이 사람의 정신과 신체를 편안하게 하는 데서 출발했습니다. 산모가 음악을 들으면 마음이 편안해지고, 아기도 안정을 찾게 되지요. 태아의 뇌파를 조사해 보면 평온하고 기분 좋은 소리가 들리면 엔도르핀 분비를 촉진하고 불안감을 없애는 알파파가 나옵니다. 귀에 거슬리는 소리가 들리면 몸에 해로운 베타파가 나옵니다. 클래식은 고도로 다듬어진 음악이라 태교로 많이 듣습니다. 우리나라 전통음악도 클래식입니다.

엄마가 즐겁고 편안하게 듣는 음악이 좋은 태교입니다. 나는 초반에는 클래식을 듣다가, 재즈, 가요, EDM을 들었습니다. 어떤 음악인지보다 당시 내가 듣고 싶었던 음악을 들었습니다.

태아는 소리의 특성 중 음높이, 음색, 강약을 잘 기억합니다. 신생아가 듣고 울음을 그치는 건 엄마의 목소리와 배 속에서 들었던 노래, 시, 이야기, 음악이라는 연구가 있습니다. 산모의 목소리는 태아에게 정신적 평온함을 주며, 산모가 노래를 부를 때 깊게 호흡해서 아기에게 신선한 공기를 주는 효과도 있습니다.

태담 태교

태담은 태아의 두뇌 자극을 줄 수 있는 엄마와 아빠의 음성을 들려주는 태교입니다. 부드럽고 아름다운 소리를 들려줌으로써 태아의 정서적인 안정을 꾀할 수 있습니다. 반복해서 들려주는 다양한 음색은 뇌에 자극을 주어 두뇌 발달에 도움이 됩니다.

엄마 아빠 스스로가 태아의 존재를 인식하면서 느끼는 심리적 안정감과 부부와 아기 사이에 유대감이 형성됩니다. 그날 있었던 일이나 보고 느끼고 생각하는 것을 들려주세요. 산책하면서 나무, 흙, 돌 등 사물에 관해 설명해 주세요. 말을 하면서 신선한 공기를 마시게 되면서, 태아의 뇌세포가 분열되고 두뇌가 발달합니다. 나는 소리 내어 말하기가 쑥스러워 붕붕이에게 마음속으로 말을 걸었습니다.

시각 태교

태아의 시각은 사물을 구분하는 게 아니라 모체의 호르몬 분비량을 통해 빛의 명암을 느낍니다. 임신 7개월 정도 되어야 명암을 느끼고 외부의 빛에 반응합니다. 아름다운 그림이나 풍부한 색채의 그림책을 보면 음악을 들었을 때와 마찬가지로 편안해지는 기분을 느낄 수 있습니다.

음식 태교

음식 태교의 기본은 균형 잡힌 식사입니다. 양보다는 질에 신경 쓰세요. 단백질은 태아의 두뇌를 만들고, 혈액과 조직을 구성하며 골격과 치아 조직도 만듭니다. 철분은 임산부의 빈혈을 예방하고, 부족 시에는 진통이 약해지거나 출혈량이 많아 난산될 수도 있습니다. 순산하기 위해 철분을 먹여야 합니다. 엽산은 태아의 초기 신경관 형성에 중요한 작용을 합니다. 임신 5주 정도가 되면 뇌와 척수가 될 신경관을 만듭니다. 엽산이 부족하면 뇌의 상당 부분이 만들어지지 않은 무뇌아, 뇌가 겉으로 드러나는 뇌 노출, 척추가 둘로 분열되는 이분척추증 등 신경관 기형이 생길 수 있습니다. 비타민, 미네랄, 섬유소 등은 주 영양소가 체내에서 제 역할을 잘 할 수 있도록 도와주는 보조적 기능을 합니다.

임신 중 설탕, 착색제, 인공 향료 등 가공식품을 과다 섭취하면, 임산부는 스트레스, 충격, 흥분, 불안, 초조, 신경과민 등이 정서 장애의 원인이 되기도 합니다. 임신 중 우유의 과잉 섭취, 아연 성분의 부족은 자폐아의 원인이 되기도 합니다. 넘치지 않게 골고루 잘 먹어야 합니다. 압니다. 어려운 일이죠.

운동 태교

운동 태교는 임신 비만을 방지합니다. 운동하여 출산 때 도움이 되는 다리, 허리, 배의 근육이 단련되면 출산이 쉬워집니다. 운동하면서 분만 때 필요한 호흡법도 자연스럽게 익힙니다. 운동은 보통 요가, 체조, 스트레칭 등 저강도 운동을 하세요. 운동시 신체적, 정서적 긴장 상태를 풀고 안정 상태를 유지하세요.

임신 초기에는 무리한 동작은 피하고 복식호흡으로 태아에게 충분한 산소공급을 하며 몸과 마음을 이완시켜주세요. 중기에는 태아가 자리 잡아 몸이 붓고 골반이 수축합니다. 부종을 예방하고 골반을 확장할 수 있도록 유연하게 풀어주는 동작을 해 비틀어지는 몸의 균형을 잡아주세요. 후기는 태아가 커져 혈액순환이 안 되고 숙면하기 힘들어집니다. 질 근육 운동과 골반 확장 운동을 통해 하체를 강화해 출산 준비하세요.

여행 태교

아기를 낳으면 한 동안 여행을 가지 못할 거란 생각으로 태교로 여행을 갑니다. 해외로 나가 육아용품을 구매하는 경우도 많습니다. 여행은 안정기인 12~28주 사이에 다녀오세요. 해외에서 아픈 경우 높은 의료비가 발생할 수 있습니다. 여행자 보험을 들면, 도움을 받을 수 있습니다.

항공사마다 기준이 다르지만, 임신 후기가 되면 의사 확인증이 있어야 비행기 탑승할 수 있는 항공사가 있습니다. 나는 제주도를 갔는데, 갈 때는 괜찮았는데 올 때 30주가 넘어 의사 확인서를 받아야 했습니다. 제주도에 도착해 의사 확인서를 병원에서 항공사로 팩스로 보내줘 돌아오는 비행기를 탈 수 있었습니다. 항공사마다 기준이 다를 수 있으니 정확한 기준은 해당 항공사에 확인해 보세요.

스세딕 태교

미국인 기계공 아빠 조셉 스세딕과 일본인 엄마 지스코 스세딕 사이에서 태어난 네 딸 모두 IQ 160이 넘었습니다. 이 부부의 태교법은 아이가 천재라 믿고 태아 때부터 교육했습니다. 태교법을 찾는 중에 이 부부의 태교법을 여러 자료에서 보았습니다. 내가 태교할 때는 알지 못했습니다.

스세딕 부부 태교법은 자궁 대화법과 카드 학습법이 알려져 있습니다. 자궁 대화법은 태아에게 다양한 주제의 이야기를 들려줘 두뇌와 감성 발달을 촉진했고, 카드학습법은 직접 숫자, 글자, 도형을 카드로 만들어 태아에게 인식시켰습니다. 감성과 지식 둘 다 자극하였습니다.

출산 태교

아기가 출생 시 받는 스트레스는 엄마보다 7배 이상 큽니다. 부모는 마음으로 아기를 격려하며 애정과 용기를 주어야 합니다. 출산일은 산모뿐만 아니라 아기도 힘든 날입니다. 우리 겁먹지 말고 용기 내어 보아요.

2개월

6주 3일 차

오늘은 네가 엄마 배 속에서 커나가는 데 꼭 필요한 영양제를 받기 위해서 보건소에 갔어. 산전 검사도 받았단다. 병원에서 사도 되는 거지만, 보건소에선 공짜란다. 절약 정신. 네가 나오면 맛있는 거 먹고, 좋은 곳 가기 위해 아끼는 중이야. 엄마와 아빠는 너의 태명을 '붕붕'으로 정했어. 방귀처럼 쉽게 나오라는 의미야. 엄마 고생시키지 말라는 아빠의 바람 아닐까? 요즘 아빠는 출근할 때와 자기 전에 엄마 배 위에 손을 올리고 너에게 인사한단다. 어색해하지만, 곧 적응하겠지? 사실 엄마도 아직 어색하단다.

다시 태교할 수 있다면

8주 1일 차

붕붕~ 엄마가 한동안 일기 쓰는 걸 게을리했네. 그렇다고 울 붕붕이를 생각하지 않았던 건 아니야! 태교 동화 읽고, 클래식 음악을 들어. 집에선 태교 클래식을 듣는 게 좋다. 잔잔한 음악이 계속 흘러나와 엄마 마음이 편안해져. 넌 어떠니? 울 붕붕이 덕분에 좋은 습관이 생겼어. 지금 나는 엄마 미소 지으면서 음악을 듣고 있어. 붕붕! 엄마, 아빠에게 와줘서 고마워.

임신이 무엇이라고 생각하시나요?

임신 기간 동안 태아와 함께 하고 싶은 건 무엇인가요?

임신 사실을 누구에게 먼저 알리고 싶었나요?

배 속에 있는 태아에게 하고 싶은 말은 무엇인가요?

음악, 미술, 독서, 아트북, 운동, 명상 등 태교법은 많습니다. 그중에 내가 즐겁고 편하게 하고 싶은 걸 선택하세요. 정서적 안정감을 느끼는 거요. 수학을 싫어하던 산모가 수학 문제집을 풀 때면 스트레스를 받습니다. 당신이 힘들면, 태아도 같이 힘들어합니다. 스트레스를 받는다면 하지 마세요. 태교는 정서적 안정이 가장 중요합니다.

이 시기 태아는 탯줄과 태반이 발달하고, 심장 박동이 시작되며, 이등신이 됩니다. 산모는 나른하고 미열이 있고, 유방이 붓고 아프기도 합니다. 소변이 자주 마렵습니다.

뇌 발달에 좋은 '단백질', DNA를 합성하고 뇌 기능을 정상적으로 발달시키는 데 도움 되는 '엽산'과 태아의 골격, 턱뼈, 유치가 형성되는 시기이므로 '칼슘' 섭취를 늘리세요.

배 속에서 꼬물꼬물, 아가에게

3개월

10주 3일 차

붕붕, 엄마랑 아빠가 〈대니 콜린스〉라는 영화를 봤어. 외국 가수 아저씨 이야기인데, 젊어서 버렸던 자식을 찾아가 용서를 구하는 내용이야. 이전에는 부모의 마음을 이해하지 못했어. 부모는 당연히 베풀고 배려해야 하는 사람이라 생각했어. 그런데 이제는 생각이 조금 바뀌었어. 혹시 엄마 아빠가 힘들고 지치면 붕붕이가 토닥거려 주면 좋겠어. 붕붕이가 엄마에게 많은 걸 알게 해준단다. 고마워 붕붕! 사랑한다.

11주 1일 차

붕붕아, 엄마는 오늘 정밀 초음파를 했단다. 초음파가 컬러로 나와서 엄청 신기했어. 이날 아빠가 병원에 같이 가지 못해 아쉬워했어. 다음번에는 아빠랑 같이 가려고 해. 붕붕 눈을 가리

다시 태교할 수 있다면

는 모습이 엄청 귀엽고, 사랑스러워~. 오른쪽 왼쪽 정면까지 모두 보여줬어. 물론 모두 눈을 가리고 있었지. 심장 뛰는 소리도 정상! 붕붕이가 건강해서 엄마는 안심했단다. 건강하게 자라다오!

태아를 위해 조심한 행동은 무엇이 있나요?

평소와 다른 감정이 느껴지는 게 있나요?

당신 혹은 배우자가 임신했다는 것을 느낄 때가 언제인가요?

태아를 응원하고 안심시킬 수 있는 응원 문구를 만들어 본다면 무엇으로 하고 싶나요?

보통 5개월부터 배가 조금씩 나옵니다. 5개월 후반이나 6개월부터 임부복을 입기 시작하지요. 임부복을 너무 일찍 사지 마세요. 배가 많이 나오는 계절은 지금과 다릅니다. 조리원 동기는 엄마 옷을 입었습니다. 임신 시기 때 알았다면 꿀팁이었을 텐데 나중에 알아 아쉬워했습니다.

태아의 얼굴 윤곽이 잡히기 시작합니다. 8주가 되면 꼬리가 사라지고 배아기에서 벗어나 태아기가 시작됩니다. 산모는 감정 기복이 심해지고, 질 분비물이 늘어납니다. 변비 예방을 위해 섬유질, 비타민 섭취에 신경 쓰세요. 아직은 유산에 주의해야 합니다.

정밀 초음파는 태아의 이상 유무를 알기 위한 검사라는 걸 아이를 낳고 나서야 알게 되었습니다. 태아에게 강한 빛을 비추어 찍는 거니, 태아에게 스트레스를 준다고 시행하지 않는 병원도 있습니다. 모든 건 부모의 선택입니다.

조금씩 달라지는 모습, 어떤 게 있을까?

4개월

15주 1일 차

붕붕~ 이때 엄마 걱정 많이 했어. 붕붕이 사는 곳에 염증이 생겼거든. 혹시 우리 붕붕이 아플까 얼마나 걱정을 했던지. 붕붕이는 이런 엄마 마음 알까? 아마 모를 거야. 엄마도 붕붕이 생기기 전까지 생각지 못했던 일이니깐. 붕붕에게 영향을 주지 않아서 얼마나 다행인지 몰라. 붕붕 잘 자라 주어서 고마워.

다시 태교할 수 있다면

임신 전과 지금 당신의 일상에서의 변화는 무엇이 있나요?

지금 태아에게 가장하고 싶은 말은 무엇인가요? 임신을 확인한 순간과 같은 말인가요? 다른가요?

배우자와 하는 대화 중 태아에 대해 많이 하는 이야기는 무엇인가요?

주변인들에게 임신 소식을 알렸나요? 주변에서 어떤 말을 해주던가요? 알리지 않았다면 그 이유는 무엇일까요?

임신하면 태교 여행을 갑니다. 여행이 좋고, 가서 마음 편한 사람은 가는 게 좋습니다. 반대로 걱정이 많고, 불안하고, 꺼려진다면 가지 말아야 합니다. 부모의 마음이 편안해야 태아도 안정감을 느낍니다. 부모가 불안해하면 태아도 불안감을 느낍니다.

태아는 태반과 순환기 계통이 완성되고, 남녀 구별이 가능해집니다. 산모는 아랫배가 불러오고, 현기증과 두통이 나타납니다. 피부 트러블이 생길 수 있습니다. 입덧이 줄고 식욕이 왕성해집니다. 엄마의 체중은 한 달에 2kg 이상 늘지 않아야 합니다.

소중한 내 아가, 늘 건강하고 행복하길 바라

5개월

20주 1일 차

우리 붕붕이 2차 기형아 검사한 날! 붕붕이의 장기 및 신체가 잘 발달하는지 검사했어. 아빠도 같이 갔단다. 아빠가 붕붕이 있는 모습 보고 신기해하셨어. 아빠는 사진으로만 보다가 붕붕이가 움직이는 모습을 처음으로 병원에서 봤거든. 아빠가 병원에 함께 가서 엄마도 든든했단다. 붕붕이가 건강하다고 하니 엄마도 안심! 아빠도 안심! 붕붕이 몸무게는 359g, 아직 작지만 붕붕이가 태어날 때는 이 몸무게의 10배 정도가 되겠지? 건강한 모습으로 만나자! 붕붕아, 엄마 아빠에게 와줘서 고마워.

오늘은 아빠가 엄마와 시간을 보내기 위해 엄마가 있던 허준박물관으로 왔단다. 허준이 붕붕이의 조상이라는 새로운 사실을 알게 되었어. 울 붕붕이는 커서 어떤 사람이 될지 궁금궁금.

어떤 사람이 되든 너의 삶에 만족하길 바라.

생활하면서 내가 혹은 배우자가 임신했다고 느껴지는 순간이 언제인가요?

생활하면서 내가 혹은 배우자가 임신했다고 느껴지는 순간이 언제인가요?

임신 후 당신 혹은 배우자의 생활 태도가 바뀐 게 있나요?

당신이 자식에게 주고 싶은 선물은 무엇인가요?

부모가 되면 좋은 점 3가지를 들어본다면 무엇이 있을까요?

태동이 느껴지는 시기입니다. 태동이 느껴지는 순간 태아에게 느낌을 이야기해 보세요. 놀람, 설렘, 환희 어떤 단어를 붙여야 그때 느낌을 설명할 수 있을까요? 그 마음을 태아와 소통해 보세요. 태아가 반응하나요? 반응한다면 그 느낌을 적어보세요. 붕붕이는 태동이 적은 아이였습니다. 붕붕이처럼 가만히 있어도 괜찮습니다. 태아가 엄마의 에너지를 느낍니다. 편안한 마음가짐으로 태아와 대화해보세요.

태아의 신체 움직임이 활발해지고, 손가락을 빨며 젖 빠는 동작을 배웁니다. 소리를 들을 수 있습니다. 빈혈이 생길 수 있으니 철분이 풍부한 음식을 섭취하시고, 철분제를 복용하세요. 유방이 커지고 분비물이 나옵니다. 커진 자궁이 직장을 압박해 치질이 생길 수 있습니다. 저칼로리 고단백 식사를 하세요. 혈액량이 늘고 혈압이 높아져 잇몸이 붓고 상처가 나기 쉬우므로 치아 관리를 해야 합니다.

아기는 하루가 다르게 자라고 있어요

한국의 태교

술을 마시거나 무거운 짐을 들지 말라. 위험한 길, 색다른 맛의 음식을 먹는 것을 금해야 한다.

말을 많이 하거나 울지 말라. 임산부의 정서적 안정이 중요하다.

사기 서린 곳은 피하라. 임신 첫 달은 마루, 둘째 달은 창과 문, 셋째 달은 문턱, 넷째 달은 부뚜막, 여덟째 달은 뒷간, 아홉째 달은 문과 방 등을 피한다(미신적인 요소가 있지만 그만큼 태아를 소중하게 생각해 임산부의 몸가짐을 조심하라는 뜻).

조용히 책을 읽거나 시를 쓰거나 품위 있는 음악을 들어라. 나쁜 말은 듣지 말고, 나쁜 일은 보지 말고, 나쁜 생각은 품지도 말아야 한다.

임산부는 가로눕지 말고, 기대어 앉지 말며, 한쪽 발로만 갸

우뚱하게 서 있지 말아야 한다.

소나무 바람 소리를 듣거나 매란의 향기를 맡아라.

임신 중에 금욕하라(옛날에는 조산의 위험이 있으면 손 쓸 방법이 많지 않았기 때문에 이러한 조항이 포함됐던 것으로 보인다. 오늘날은 건강한 임산부라면 임신 초기와 마지막 달은 피하고 무리가 가지 않는 선에서 적당한 부부생활은 권하는 추세).

책 『태교신기』에 나온 내용입니다. 『동의보감』이 조선 시대를 대표하는 의학서라면, 『태교신기』는 태교를 대표하는 책입니다. 사주당 이씨(1739~1821)가 아기를 가진 여자들을 위해 한문으로 글을 짓고, 아들인 유희가 한글로 번역했습니다. 태교 이념과 원리부터 임산부가 지켜야 할 구체적인 행동까지 알려진 우리나라뿐만 아니라 세계 최초의 태교책입니다.

괄호 안의 글은 신동길 서초 함소아한의원 원장의 현대적 해석입니다.

중국의 태교

중국은 태교의 발상지로 알려져 있습니다. 중국 어머니들은 몸과 마음가짐이 아이에게 전해진다는 믿음으로 임신을 안 첫날부터 영웅의 어머니다운 행동을 했습니다. 중국 태교의 핵심처럼 알려진 건 『열녀전』입니다.

10원칙

1. 잘 때 모로 눕지 않는다.

2. 앉을 때 가장자리에 앉지 않는다.

3. 설 때 몸이 기울어지게 외발로 서지 않는다.

4. 자극적인 음식을 먹지 않는다

5. 반듯하게 썰지 않은 고기나 과일은 먹지 않는다.

6. 자리가 비뚤어지게 깔려 있으면 앉지 않는다.

7. 눈으로 간사한 빛을 보지 않는다.

8. 귀로 음란한 소리를 듣지 않는다.

9. 밤이면 악사를 시켜 좋은 시를 읊게 한다.

10. 언제나 올바른 말만 한다.

일본의 태교

엄마가 몸을 움직여야 건강한 아이를 낳는다고 생각해 출산 직전까지 평소와 같이 생활합니다. 임신비만으로 난산되는 걸 미리 방지하기 위해 많이 움직입니다. 태교에 좋은 음악을 작곡하여 보급합니다. 유명 연예인들이 음악 위에 시를 낭송하여 태교 음반을 제작합니다.

미국의 태교

미국의 경우에는 '남편의 세심한 관심'과 '베이비 샤워'가 있습니다. 남편이 함께 라마즈 교육에 참여해 출산에 관해 공부합니다. 베이비 샤워는 임신 중 미리 태어날 아기를 위한 파티로 엄마의 친구들이 모여 지혜와 교훈을 교환하는 자리입니다. 준비한 선물을 주면서 아기 엄마가 되면서 새로운 인생을 시작하는 예비 엄마에게 축하 인사를 건넵니다.

프랑스 태교

출산을 '새 생명을 탄생시키는 일'로 자연스럽게 받아들이도록 하는 데 중점을 둡니다. 임산부가 하고 싶은 것을 하고, 먹고 싶은 것을 먹는 것이 바람직한 태도라 생각합니다. 임산부의 건강을 가장 중요하게 생각하기 때문에 요가, 산책 등의 운동을 열심히 하고, 여행을 많이 다니는 편입니다. 프랑스 임산부는 몸매 관리나 멋내기를 꾸준히 합니다.

유대인의 태교

훌륭한 아기가 태어날 수 있도록 환경적인 요건을 먼저 갖추고 지식보다는 지혜를 가르치기 위해 태내 아기에게 『탈무드』나 『성경』을 읽어주는 태교를 합니다. 유대인 엄마들은 아이의 IQ에 신경 쓰거나 남보다 특별하게 가르치려는 대신, 그저 태아의 지적 성장을 돕기 위해 환경을 정비하고 쾌적함을 유지하는 데 주의를 기울입니다.

6개월

12주 7일 차

오늘 엄마는 임신성 당뇨 검사를 했어. 엄마 팔에 주사기가 꽂히고 빨강 피가 나왔단다. 갑자기 따끔해서 붕붕이가 놀라지 않았는지 걱정했어. 많이 놀랐지? 붕붕에게 미리 말하지 못해서 미안해. 앞으로 엄마가 놀라거나 아플 일이 있다면 미리 말할게.

『오래된 육아 전통 육아의 비밀』이란 책을 읽었단다. 엄마 친구가 선물로 준 책이야. 포대기나 전통 육아에 관심이 있었는데, 방법을 몰랐어. 그걸 잘 알려준 책이란다. 아직 붕붕이를 어떻게 키워야 하는지 확신이 없어! 하지만 확실한 건, 엄마 아빠는 붕붕이를 사랑하고 기다리고 있다는 점이야. 붕붕이의 행복을 위해 엄마 아빠가 준비하면서 붕붕이를 기다릴게. 붕붕아, 보고 싶다. 건강하게 나와라.

24주 3일 차

붕붕! 엄마 몸에 또 염증이 생겼어. 다른 날보다 몸이 피곤해, 병원을 예약했던 날보다 일찍 갔단다. 엄마 몸이 좋지 않아 고생했을 붕붕이를 생각하니 엄마 마음이 아파.

붕붕이가 괜찮은지, 힘들지 않았을지 걱정이 많았어. 의사 선생님이 붕붕이는 괜찮다고 해서 마음이 편해졌어. 태교 교실에서 붕붕이에게 쓴 편지를 읽는데, 눈물이 났어. 엄마 배 속에서 힘들어했을 붕붕이가 생각났어.

우리 붕붕이 얼굴 보고 걱정이 없어졌어. 엄마가 몸에 더 신경 써서 울 붕붕이 편안하고 안락하게 지낼 수 있도록 노력할게. 붕붕이가 어떤 모습일지 궁금하지만, 붕붕이가 나오고 싶을 때까지 건강하게 지내도록 엄마랑 같이 노력하자. 붕붕아 사랑해~ 고마워!

태동이 느껴지나요? 처음 태동을 느꼈을 때 어떤 감정이 들었나요?

🪔 태아가 커진다고 느끼는 순간은 언제인가요?

....

....

🪔 배우자와 같이 한 태교는 있나요? 있다면 무엇인가요?

....

....

🪔 태아에게 자주 하는 말은 어떤 건가요?

....

....

   평소 커피나 인스턴트 음식을 즐겼다면 이쯤 되면 다시 먹고 싶어집니다. 강박적으로 피하지 마세요. '너무 많은 양만 아니라면 괜찮다.'라는 연구가 많아요. 여러 번 말하지만, 가장 좋은 태교는 편안한 마음가짐입니다.

   태아는 피지선에서 피부를 보호해주는 태지를 분비합니다. 표정이 생기고, 쪼그려 앉거나 발버둥을 칩니다. 4등신이 되고 손발을 자유롭게 움직일 수 있습니다. 산모는 피부가 늘어나고 건조해집니다. 부종이나 정맥류가 생기니, 다리를 조금 높게 올려 붓기를 줄여주세요.

산모에게는 소화불량 증세가 나타납니다. 칼슘은 태아의 골격과 치아 형성, 혈액 작용에 중요한 역할을 하고, 임신 중독증을 예방하니 비타민 D와 함께 드세요. 태아의 신장, 간장을 튼튼하게 하는 어패류를 드세요. 충분한 휴식을 취하시고, 태동이 갑자기 멈추지 않는지 확인하세요.

아가를 위해 엄마가 하는 일

7개월

28주 7일 차

우리 붕붕이 28주 2일 차에 입체 초음파 촬영을 했어. 아빠에게도 태동을 하지 않는 샤이가이 붕붕. 샤이가이답게 입체초음파에서도 얼굴을 보여주지 않았어. 오늘 다시 병원에 갔을 때도 마찬가지였지. 엄마 아빠에게 얼굴 보여주기가 부끄러웠나 봐.

외할아버지가 돌아가셔서, 엄마는 고향에 다녀왔어. 물론 붕붕이와 함께. 붕붕이가 받을 스트레스를 걱정했어. 엄마는 어디서든 좋은 점을 찾으려고 노력하잖아. '엄마가 울고 슬퍼하면, 붕붕이도 슬픔이라는 감정을 알지 않을까?'라는 생각했지. 공감 능력을 키우는 거지.

다시 태교할 수 있다면

엄마 마음대로 해석일지 몰라도 항상 울 붕붕이를 우선시하는 엄마라 생각해줘. 힘들었을 텐데, 건강하게 있어 줘 고마워! 엄마 아빠에게 와줘서 고맙고, 사랑해.

임신 중 나쁜 일은 없었나요? 있었다면 거기에서 배운 건 무엇일까요?

아기가 태어나면 제일 먼저 하고 싶은 게 무엇인가요?

당신에게 아기란 어떤 의미인가요?

출산 전까지 당신을 위해서 반드시 해야 할 일이 있나요?

임신선이 나타날 수 있어요. 나도 배에 검정 줄이 생겨 놀랐어요. 출산 후에는 자연스럽게 없어지니 걱정하지 마세요. 아기가 커갈수록 산모 배가 커지는 거 아시죠? 살이 트지 않게 관리 잘해주세요. 출산 후에는 가슴이 커져 틀 수 있으니, 산후에도 피부 관리 잘해주세요. 임신 때 쓰다 남은 튼살 크림이 있다면 산후에 사용해 주세요. 배나 가슴의 보이지 않는 아래쪽에도 신경을 써야 합니다.

태아는 콧구멍이 뚫려 호흡을 연습합니다. 폐에 공기가 없어 실제로 숨을 쉴 수 없지만요. 스스로 몸의 방향을 바꿀 수 있습니다. 외부 소리에 민감하게 반응하며 엄마와 대화를 할 수 있고, 감정을 공유합니다. 임산부 배에 임신선이 생기고, 갈비뼈에 통증이 생깁니다. 가끔 배가 단단해지기도 합니다. 단것을 자제하고 짜게 먹지 마세요. 질 좋은 단백질을 드세요. 스트레스를 받으면 호르몬 분비가 불안정해져서 트러블이 생길 수 있으니 스트레스는 그때 그때 풀어주세요. 자주 자세를 바꾸는 것이 좋고, 틈틈이 스트레칭하면 좋습니다.

엄마와 함께 울고 웃는 아기

배냇저고리

'한두 달 입히려고 이걸 꼭 사야 해?'라고 생각했습니다. 그런데 필요했습니다. 신생아는 전혀 목을 가누지 못합니다. 이때 목을 들어 옷 입히기는 힘듭니다. 몇 달 사용하지 않더라도, 아기와 엄마를 위해 필요한 게 배냇저고리입니다.

손수건

손수건은 50개 이상 있으면 좋습니다. 나도 이렇게나 많이 필요할까 싶었지요. 처음에 30개를 준비하면서 많을 것 같았는데, 추가로 샀습니다. 신생아 때는 먹은 걸 자주 넘깁니다. 먹을 때마다 게우는 아기도 있습니다. 나는 하루 10여 개 정도를 사용했고, 빨래하고 말리는 데도 시간이 걸립니다. 빨래를 매일 하지 못할 때도 있으니 넉넉히 준비하면 좋습니다.

아기용 수건

일반적으로 사용하는 수건에는 먼지가 많아 아기용을 따로 준비합니다. 아기용 수건을 따로 구매해도 되고 속싸개나 기저귀 천으로 사용해도 됩니다. 나는 기저귀 천을 이용했습니다. 가볍고 빨리 말라 좋았습니다.

아기용 침구 & 침대

침구는 집에 있는 걸 사용해도 좋고, 따로 구매해도 좋습니다. 아기용 침대는 부모의 침대 높이와 비슷하게 조절이 가능합니다. 양육자가 침대를 사용한다면 아기용 침대를 사용하기를 추천합니다. 양육자 허리에 무리가 덜 갑니다. 아기 침대는 인터넷에서 대여 가능합니다.

목욕용품

집에 있는 욕조로 사용한다면 패스하셔도 되지만, 작은 거로 대부분 사더라고요. 아기용 바디워시와 샴푸는 하나로 사용합니다. 나는 지금도 붕붕에게 바디워시를 가끔 사용합니다. 바디워시도 화학제품이라 대부분 물로만 씻깁니다. 물로만 씻긴다고 자주 아프거나 냄새가 나지 않습니다. 워시 제품은 물감놀이를 한 후나, 워터파크 갔을 때, 붕붕이가 원할 때 사용합니다. 4개월 영유아 검진 때 의사 선생님이 일주일에 한두 번 사용하라고 권했습니다.

로션

기본으로 로션이 필요합니다. 갓 태어난 아기는 건조해질 수 있어 유수분이 많은 제품이 좋습니다. 아기용 크림도 있습니다. 붕붕이는 발목이 건조해 발목 쪽에 자주 발라주었습니다. 아기들은 열이 많아 땀띠가 나기 쉽습니다. 땀띠나 태열이 올라올 때는 수딩젤을 사용해 주세요. 겨울에는 유분기가 많은 걸 추천합니다. 나는 백색 바세린과 로션을 섞어 붕붕이에게 바릅니다.

체온계

아기 체온이 올라가는 것은 아프다는 신호입니다. 소아청소년과 선생님은 백일 전 아기가 열이 난다면 자신도 겁난다고 했습니다. 체온계를 꼭 사세요. 주변에서는 브라운 체온계를 많이 사용합니다. 분유량을 많이 넣어도 아기가 열이 납니다.

손톱깎이

아기용 손톱깎이는 가위가 포함된 세트로 많이 팝니다. 처음에 가위로 쓰다가 나중에는 손톱깎이로 바꾸라 하는데, 세 돌 아기에게도 가위를 사용해도 무관합니다. 아기와 의사소통이 되기 전까지는 잘 때 깎는 게 좋습니다. 내가 만난 돌쟁이 중에 자기 손가락을 가위로 자르는 아이가 있었습니다. 피가 나고 아파도 가위만 보면 계속 손가락을 잘랐습니다. 아이 엄마는 아이 눈에 가위가 눈에 띄지 않게 했습니다. 그때는 왜 그러는지 짐작조차 하지 못했습니다. 지금 추측해보면, 양육자가 자신의 손톱을 잘라주는 모습을 따라한 게 아닌가 싶습니다. 양육자가 했던 행동을 아기들은 모방합니다. 위험한 물건을 사용할 때는 특히 조심하세요.

소독기

소독기는 젖병뿐 아니라 이유식 할 때도 유용합니다. 돌까지 사용했습니다. 10개월 즈음부터 가끔 사용했고, 돌쯤에는 한 달에 두어 번 사용했습니다. 아기가 입으로 탐색할 때는 작은 장난감을 소독했습니다. 장난감을 소독하려면 큰 게 좋습니다.

스와들(속싸개)제품

움찔해도 다시 자는 아기가 있지만, 붕붕이처럼 잘 깨는 아기가 있습니다. 움찔하는 게 심한 아이라면 스와들 제품 추천합니다. 조리원 간호사님들은 천으로 잘 싸매는데, 나는 천으로 싸매면 펴져서 지퍼와 벨크로로 잠기는 제품을 샀습니다. 아기를 재웠는데 오 분 만에 움찔해서 깨면 그때는 집을 나가고 싶습니다. 백일 전후까지 사용하는 제품임에도 네 개 샀습니다. 주 양육자의 컨디션이 좋아야 아기에게 잘할 수 있습니다.

8개월

30주 2일 차

붕붕~

그거 아니? 엄마가 어느 때보다 몸 관리를 열심히 하고 있단다. 비타민, 단백질, 철분제를 먹어. 붕붕이가 없을 때는 잘 먹질 않았어. 특히 단백질은 전혀 챙겨 먹지 않았지. 잘 챙겨 먹었더니, 엄마 머리카락까지 튼튼해졌어. 울 붕붕이도 잘 크고 있더구나. 2주 사이에 붕붕 몸무게가 479g이 늘었어. 엄마 배 속이 좁지는 않니? 점점 붕붕이는 커지는데 엄마 자궁은 많이 늘어나지 않지?

지금 엄마 배 속에 있을 때만큼이나 붕붕이가 엄마와 가까이 있을 때는 없겠지? 엄마 안에서 붕붕이가 편안하고 안전하길 바랄게. 붕붕, 이제 두 달 남았네. 힘내고 건강하게 지내자. 붕붕, 화이팅!

30주 7일 차

붕붕! 지난 주말에 엄마 아빠는 붕붕이 서랍장을 알아보려고 가구 매장에 다녀왔어. 아빠 엄마 마음에 쏙 드는 게 없었어. 우리 붕붕이에게 필요하고 튼튼한 걸 사려고 하니 더 그랬나 봐.

지금까지는 엄마가 붕붕이와 엄마의 건강만을 생각했어. 잘 먹고, 잘 자고, 운동하고 말이야. 앞으로는 붕붕이가 태어난 후를 생각해야겠어.

붕붕 물건정리, 먹거리, 빨래, 함께할 놀거리 같은 거 말이지. 요즘 엄마는 영아 발달에 관련된 강의를 듣고 있어. 붕붕이 키우는 데 도움받기 위해서지. 너의 신체가 어느 방향으로 발달하는지, 어떻게 사물을 바라보는지에 관해 알아가는 중이야. 붕붕 세상에 나오면 우리와 재미나게 놀자!

태아에게 가장 많이 하는 말이나 생각은 무엇인가요?

태아 덕분에 가장 설레는 순간은 언제였나요?

자신이 긍정적이라고 생각할 때는 언제인가요?

임신을 하기 전과 지금과 차이는 무엇인가요?

건강한 아기와 산모를 위해 운동해야 하는 거 아시죠? 많이 걸으세요. 동네 산책도 좋습니다. 아이쇼핑을 추천받았어요. 백화점 일층부터 아기용품이 있는 곳까지 한 바퀴 돌면 충분히 운동한 것과 같다고요. 나처럼 쇼핑을 즐기지 않다면, 좋아하는 장소를 찾아 걷기를 추천합니다.

이 시기 태아는 성장한 뇌 조직이 신경 순환계와 연결되어 학습 능력과 운동 능력이 발달합니다. 시각이 발달해 자궁 밖의 밝은 빛을 볼 수 있습니다. 횡격막으로 호흡 연습을 합니다.

산모는 요통과 어깨결림이 심해지고, 가슴이 답답하고 위가 쓰립니다. 자궁수축으로 배가 자주 뭉치고, 분비물이 많아져 접촉성 피부염이나 습진이 생겨 가려울 수 있습니다. 청결을 유지해야 합니다. 배가 부딪치지 않도록 주의하고 충분히 쉬고 조산에 대비하세요.

건강한 임신 기간 보내기

9개월

32주 1일 차

어제까지 엄마 아빠는 엄마 친구들 모임 겸 태교 여행으로 제주도에 다녀왔어. 서울보다 제주도가 더 따뜻할 줄 알았는데, 아니었단다. 우도에 들어갔는데, 바람이 엄청 세게 불어 우도봉 정상까지 가지 못했어. 무엇보다 울 붕붕이가 추울까 봐 중간에서 내려왔어.

아빠는 제주도에 갔다가 감기에 심하게 걸렸어. 엄마도 감기 기운이 있어 오늘 병원에 다녀왔어. 엄마는 붕붕이가 배 안에 있어 더 조심해야 하거든. 엄마가 아프면 붕붕이도 같이 아프고, 스트레스받을 거니깐. 붕붕이가 잘 놀아줘서 얼마나 기특한지. 울 붕붕이가 건강하길. 엄마 아빠는 바란단다. 아직도 아빠는 붕붕이 앞에서 대화하는 게 어색한가 봐. 우리 붕붕이가

다시 태교할 수 있다면

태어나지 않아서 그렇겠지. 엄마 아빠는 붕붕이와 어떻게 살아갈지 생각하는 것만으로도 신나. 오늘 붕붕이 서랍장을 주문했어. 붕붕이 물건을 하나씩 채워 나가야겠어.

32주 2일 차

엄마 아빠가 너를 만날 날이 이제 한 달 반 정도 남았어. 붕붕이가 엄마 배 속에 있는 걸 아는 순간부터 기대했단다. 이번에 초음파를 봤을 때 붕붕이가 눈을 깜박거리고 하품하는 모습을 보여줬어. 좁은 엄마 뱃속에서 잘 지내는 모습이 얼마나 기특하던지. 몸무게는 2.6kg이야. 잘 크고 있어. 위치도 잘 잡았고, 건강하고 튼튼하게 나오기 위해 준비하고 있는 거지? 그런 붕붕이가 대견스러워.

이제 엄마는 출산 준비에 돌입했어. 붕붕에게 필요한 물건을 사고 정리 중이야. 지난 주말에 붕붕이 옷장이 배달 왔어. 장 놓을 자리를 마련하기 위해 아빠 엄마가 집안 구조를 바꾸었단다. 엄마 책장을 옮기는 게 가장 큰 일이었어. 아빠가 붕붕이 방을 만들기 위해 고생하셨어. 나중에 아빠에게 고맙다고 인사하렴.

무거워진 배를 만지면 어떤 느낌이 드나요?

태아에게 무엇을 기대하고 있나요?

임신 중에 배운 것은 무엇인가요?

육아는 무엇이라 생각하나요?

태아는 골격이 거의 완성되고 외부 자극에 대해 예민하게 반응합니다. 피부에 주름이 펴집니다. 머리를 아래로 향하고 골반 아래로 내려가 세상에 나올 준비를 합니다.

산모는 숨이 차고 속 쓰림이 심해집니다. 소변이 잦고 요실금 증상이 생깁니다. 부종이 심해지고 다리에 경련이 생기기도 합니다. 유두가 검어지고 초유가 나오기도 합니다. 체중이 늘고 기미, 주근깨가 생깁니다. 과식하지 않고 짜고 매운 음식과 더불어 수분 섭취를 줄이세요. 몸의 변화가 급격해 컨디션 조절이 어려워 감기 걸리기 쉬우니, 충분한 휴식을 취하고 출산 호흡법도 미리 연습하세요.

무럭무럭 자라는 아기와 변화하는 엄마의 몸

다시 태교할 수 있다면

10개월

38주 1일 차

엄마는 붕붕이 맞을 준비 하느라 조금 바빴어. 서랍장 준비. 필요한 물건들 구매. 구매 후 세탁·정리, 방 정리 등 어떻게 해야 붕붕이에게 좋을까 고민이 많아. 아빠도 붕붕이에게 도움이 될 거를 찾고 있어. 아빠랑 가장 많은 이야기를 나누는 게 붕붕이와 관련된 일이야. 아빠는 붕붕이가 태어나면 제일 먼저 하고 싶은 일이 붕붕이를 안아 보는 거래. 엄마는 눈 마주치는 거라 했어. '붕붕이가 태어나면 바로 눈을 뜰까'라는 의문이 드는 거야. 보통 바로 눈을 뜨지 못한다고 하더라고. 울 붕붕이가 어떤 모습일지 엄마 아빠는 기대하고 있단다. 붕붕이가 어떤 모습을 하고 있던지 엄마 아빠는 붕붕이를 기다리고 있고, 사랑한다는 점은 잊지 말아줘. 건강하게 자라줘서 엄마는 무척 기쁘단다. 조만간 건강한 모습으로 만나자.

38주 7일 차

아빠하고 오랜만에 뮤지컬 〈명동 로맨스〉을 봤어. 네가 나올 날이 얼마 남지 않아서 두 시간 동안 괜찮을까 우려했는데, 울 붕붕이가 잘 도와줘서 무사히 공연을 봤단다.

엄마와 아빠의 반응은 달랐어. '엄마는 자신이 하고 싶은 걸 하고 살아라. 자신이 하고 싶은 걸 찾아라.'로 느꼈어. 아빠는 '가끔 공연을 보고 살아라.'로 느꼈대. 같은 걸 보고도 다르게 느끼더라도 그 점을 인정해야 한단다. 우리 붕붕이도 같이 본다면, 엄마 아빠와는 다르게 느끼겠지? 그럴 때는 언성 높이지 말고, 서로의 생각을 존중해주고 대화를 나누자.

가족 간의 대화는 많이 할수록 좋은 것 같아. 서로의 생각을 알 수 있으니깐!

붕붕! 조금만 더 엄마 배 속에 있다가 만나자. 보고 싶다!

39주 1일 차

붕붕 이제 예정일이 일주일 남았어! 붕붕이가 어서 나오길 기다리고 있단다. 너무 기다리게 하는 거 아니니? 37주부터는 붕붕이가 나와도 되는 시기인데…….

'더 간절히 바라야 하는 거니?', '붕붕이가 언제 나오고 싶을까?' 지금 엄마 아빠의 최대 관심사란다. 초음파 검사 결과 너는 건강했어. 일주일 사이 몸무게가 400g이 늘어서 엄마가 많이 놀랐단다. 엄마 배 속이 좁지는 않니? 얼마나 더 커야 울 붕붕이가 나올까?

붕붕이 얼굴도 궁금궁금. 붕붕이와 관련된 모든 것이 궁금하단다. 어서 엄마 아빠의 궁금증을 풀어주길 바란다.

39주 5일 차

오늘 엄마 아빠는 창덕궁에 다녀왔어! 붕붕이가 어서 나오길 기다리는 마음으로 산책을 갔어. 아빠도 볼거리가 있다고 좋아하셨어. 붕붕이 덕분에 많은 나무와 봄꽃을 보았어.

창덕궁은 조선 시대 왕이 살던 곳이야! 후원도 있는데, 거기는 보지 못했단다. 붕붕이가 크면 엄마 아빠와 함께 가자. '엄마가 혼자 갔던 곳, 엄마 아빠가 데이트하던 곳을 붕붕이와 함께 가면 어떨까?'라는 생각을 엄마는 가끔씩 해. 너와 같이 가면 느낌이 다르겠지? 붕붕이 손잡고 창덕궁에 가보고 싶구나.

경복궁, 창덕궁, 창경궁, 종묘, 박물관, 미술관 등등. 붕붕이와 같이 가보고 싶은 곳이 너무나 많다.

지금 할머니, 할아버지, 외할머니 등 가족 모두 붕붕이가 언제 나올지 기다리고 있어! 건강한 모습으로 만나자꾸나! 붕붕 우리 힘내자!

지금까지 한 태교 중 가장 가치 있다고 생각한 건 어떤 건가요? 그 이유는 무엇인가요?

부모의 역할은 무엇일까요?

출산 시 어떤 느낌이 날 것 같아요?

아이가 태어나면 처음 하고픈 말은 무엇인가?

다시 태교할 수 있다면

가진통은 임신 중후기에 일시적으로 나타나는 통증입니다. 자궁 수축이 불규칙적이고, 진통 강도도 변화가 없으며 통증이 슬며시 줄며 사라집니다. 진진통은 실제 출산이 시작되었음 알리는 진통입니다. 진통 간격이 규칙적이며 점차 짧아집니다. 자세를 바꾸어도 진통이 유지됩니다. 초산일 경우 5분 간격이면 병원에 가야 합니다. 이슬이 비치거나 양수가 터지기도 합니다.

태아는 태반을 통해 항체를 받아 면역력이 생깁니다. 신체의 각 기관이 성숙해서 37주가 지나면 미숙아가 아닌 정상아로 봅니다. 규칙적인 생활 리듬을 갖습니다. 태아가 커지고 양수가 줄어 태동이 줄어듭니다. 태아가 골반으로 들어가 산모의 위장 압박감이 덜해지지만, 치골의 통증은 심해지고 질이 부드러워지며 분비물이 늘어납니다. 배가 뭉치고 진통이 잦아듭니다. 소화가 잘되는 음식을 먹고 과식은 피해야 합니다. 잠자기 전 다리 마사지를 해주세요. 출산 신호를 주의 깊게 살펴보세요.

임신 전에는 배가 아프면 병원에 가면 되는 줄 알았습니다. 그런데 웬 걸요, 진통에도 가짜가 있더라고요. 임신만 상상 임신이 있는 게 아니었어요. 임신 후반기가 되어서야 가진통이 있는 줄 알았습니다. 막달의 내 고민은 '붕붕이가 언제 나올지'와 '가진통과 진진통의 구분'이었습니다. 임신 출산에 관해 모르는 것투성이었습니다.

가진통과 진진통 구별법의 결론부터 말하자면 가진통은 일시적인 자궁 수축에 의한 통증이고, 진진통은 출산이 시작됨을 알리는 진짜 진통입니다.

나는 가진통이 두 번 왔습니다. 배 뭉침과는 달랐습니다. 배 뭉침은 운동을 많이 하면 종아리가 딱딱해지는 느낌이 배에 온 거라면, 가진통은 배 전체를 쥐어짜는 느낌이었습니다. 몇 초간 지속하였고, 여러 번 왔습니다. 한 시간 넘게 가진통이 있던 날도 있었습니다. 처음 가진통이 온 날은 평일 낮이었는데, 남편에게 전화해야 하나 고민하다 보니 진통이 사라졌습니다. 가진통이 올 때마다 진동 주기 앱으로 체크했는데, 주기가 줄지 않고, 일정치 않았습니다. 진통과 진통 사이의 간격이 늘었다 줄었다 하는 거로 가진통임을 알았습니다.

진진통은 호르몬 영향으로 새벽에 오는 경우가 많습니다. 제가 느낀 가진통과 진진통의 차이는 배의 아픔보다 주기 차이였습니다. 진진통은 진통 간격이 줄더라고요. 새벽에 세 시간 정도를 혼자 아파한 후 진진통임을 확신하고 남편을 깨웠습니다.

가진통과 진진통은 의료진도 구분하기 힘들다고 합니다. 아이가 나올 때까지 힘내세요. 당신은 충분히 잘하고 있습니다.

붕붕에게 태교 교실에서 쓴 태담 편지

붕붕.

귀여운 우리 아가 붕붕이. 요즘 며칠 힘들었지? 엄마가 몸이
안 좋았어. 너는 그 안에서 힘들지 않았니? 엄마가 몰라서 미안
해. 하지만, 우리는 붕붕이에게 관심이 많아. 지금도 붕붕이를
위해서 아빠 엄마는 태교 교실에 와 있어. 우리 붕붕이가 배 속
에서 행복하고 편안하길 바라는 마음이야.

우리는 붕붕이가 건강하고 밝은 모습으로 만나러 오길 바라.

오늘 태교 교실에서 배운 내용을 집에서 시도해볼 거야. 울

붕붕이에게 도움이 되길 바라는 마음으로.

엄마가 아빠에게 붕붕이에게 할 말이 있냐고 물어보니 "붕붕 붕붕붕 붕붕" 했어. 붕붕이가 건강하게 태어나길 바라는 아빠만의 주문. 붕붕이 만나는 날을 기다리고 있어. 우리 그날까지 건강하고 행복하게 지내자. 붕붕아, 우리에게 와줘서 고마워.

태담 편지는 마음과 몸이 편안할 때 쓰세요.

잠시 눈을 감고 생각해보세요.

앞으로 함께할 배 속의 친구에게 하고 싶은 말이 무엇이 있을까요?

마음속에서 들려오는 소리를 들어보세요.

무슨 내용이든 괜찮습니다. 지금 떠오르는 그 글을 쓰시면 됩니다.

편안하게 태아에게 편지쓰기

다시 태교할 수 있다면

내 부모님은 말이지

육아를 하다 보면 아이를 편안하게 대하는 부모가 있고, 아이를 버거워하는 부모가 있습니다. 비슷한 시기에 태어난 아기를 돌보는 건데 왜 차이가 나는 것인지 궁금했습니다. 그러던 중 부모 애착 형태의 75% 정도가 자신의 부모와 닮는다는 다큐멘터리를 봤습니다. 내가 부모와 안정 애착을 이루었다면, 나와 내 아이가 안정 애착이 될 확률이 높다는 말이죠. 안정 애착을 형성하지 못한 경우 육아 시 아이를 더 힘들어합니다. 내 부모에게 본대로 아이에게 행동하지요. 내가 싫었던 행동마저 배웁니다.

아이를 키우다가 문득문득 '내 부모는 나처럼 해주지 않았는데, 나는 장난감, 바깥 놀이 경험 등을 가지지 못했는데, 이 녀석은 있네.' 하며 아이를 부러워할 때가 있습니다. 내 아이임에도 시기의 대상이 됩니다. 이 부러움은 내 부모에게 받고 싶었던 것들을 해결하지 못해 남아 있는, 내 안의 아이인 셈입니다. 내가 가지고 있던 부모에 대한 나쁜 감정이 줄어들면 아이를 대할 때 더 평안해집니다.

모든 부모는 자식이 잘되길 바랍니다. 잘되길 바라는 마음으로 한 행동이 어린아이에게 상처로 남아 있을 수 있습니다. 아직 치유되지 않는 내 안의 상처에 연고를 바르고, 밴드를 붙이는 일을 글쓰기로 해보시길 바랍니다. 글은 묘한 매력이 있습니다. 글은 단순히 쓰기만 하는 게 아닙니다. 쓰기 위해선 생각하고, 그걸 정리해야 합니다. 쓰면서 치유되기도 합니다. 10년 전에 썼던 아버지에 관한 글이 아직도 기억에 남습니다. 솔직한 글쓰기가 어떤 것인지, 내가 감추고 싶었던 것이 어떤 것이었는지에 대해 알게 되었지요. 쓰고 싶지 않다면 쓰지 않아도 됩니다. 그 상황과 직면하고 성찰하는 것만으로도 충분하다고 생각한다면 그렇게 하세요. 이 책의 주인은 당신입니다. 당신이 원하는 방식으로 활용하길 바랍니다.

엄마가 내 엄마여서 좋은 이유

내가 다섯 살쯤으로 기억합니다. 동네 아줌마들이 엄마 이름을 물으면 나는 "신장순심이요."라고 답했습니다. 가족은 성이 같다는 걸 알았고, 엄마도 가족이니 가족의 성인 "신"을 앞에 붙여서 말했습니다. 아줌마들은 엄마 이름이 장순심이지 신장순심이 아니라 했습니다. 난 끝까지 신장순심이라 말했습니다. 엄마도 우리 가족이니 성이 "신"이어야 한다고 우겼습니다. 지금 돌이켜 보면 엄마가 없어질지 모를 불안감에 그랬습니다.

엄마는 전기 프라이팬으로 막걸리 빵을 자주 만들어줬습니다. 그 빵은 크기가 커서 삼 남매가 하루에 다 먹지 못했습니다. 빵이 부풀어 오르는 모습이 어찌나 신기하던지 프라이팬 옆을 떠나지 않았습니다.

다시 태교할 수 있다면

초등학교 시절, 과일 가게에서 멜론을 처음 봤습니다. 신기하고 먹고 싶었지요. 그날 밤 엄마에게 사 달라고 했더니, 급여일에 사준다고 했습니다. 그때만큼 엄마의 월급날을 기다린 적이 없었지요. 드디어 월급날 저녁, 엄마가 멜론을 사 왔습니다. 내가 기대했던 건 메로나 아이스크림 봉지에 디자인되어 있던 멜론이었는데, 엄마가 사 온 건 참외같이 생긴 파파야멜론이었습니다. 모양은 참외인데 녹색이었습니다. 이건 멜론이 아니라고 멜론 안 사 왔다고 엄마에게 짜증을 부렸더니, 엄마는 과일 가게에서 멜론이라고 했다는 겁니다.

나는 다음 날 엄마가 갔다는 과일가게에 가서 진열되어 있던 엄마가 사 온 멜론을 가리키며 멜론이 맞는지 물어봤습니다. 맞았습니다. 그 가게에서는 머스크멜론을 팔지 않았습니다. 엄마에게 내가 원한 건 메로나에 그려진 멜론이라고 말하면서 머스크멜론을 파는 가게를 알려드렸습니다. 엄마는 다음 달에 사 주셨지요. 나와 한 약속을 지키셨습니다.

엄마는 내가 선택한 대부분의 일을 믿어줍니다. 진학 문제, 결혼 문제 등 인생의 중요한 사건에서도 내 선택을 지지합니다. 친구들보다 이년 늦게 대학에 들어갔을 때도 그랬습니다. 과 선택할 때 친구가 다니던 광고홍보학과를 가고 싶다고 했더니, 당시 엄마는 나랑 어울리지 않는다며 다른 데도 알아보라고 하셨지, "안돼, 거긴 절대 가지 마."라고 하지 않았습니다. 내가 그 과에 간다고 우겼다면, 엄마는 가라 했을 겁니다. 당시 나는 '비서정보학과'에 입학했습니다. 분류, 정리하는 걸 더 잘하는 나에게 맞는 과입니다. 엄마는 언니, 오빠의 선택도 믿고 지지합니다.

당신 엄마의 장점은 무엇인가요?

엄마의 인간적인 매력은 무엇인가요?

엄마를 자랑스럽게 느낀 적은 언제인가요?

당신이 어떤 행동이나 말을 했을 때 엄마가 좋아하셨나요?

다시 태교할 수 있다면

아이 연령에 따른 엄마 역할의 발달 단계

1단계 보호자: 아이가 태어나면 1년 동안 보호자, 보육자로서 아기를 보호하고 기릅니다. 생명 유지에 필요한 영양 보충과 수면, 위생관리, 외부의 위협 요소를 막아줄 수 있는 안정적인 환경을 제공해야 합니다. 의사소통이 불가능하기 때문에 엄마는 아기가 보내는 신호에 반응하고 적절하게 대응해야 합니다.

2단계 양육자: 만 1~3세까지며, 아이의 연령에 맞춰 운동, 정서, 두뇌 등이 고루 발달할 수 있도록 엄마가 아이에게 적절한 자극을 주거나 지도해야 합니다. 이 무렵 아이는 직립 보행을 하며 놀랄 만큼 운동 능력이 발달하기 시작하고, 만 3세가 되면 몇 개의 단어로 문장 표현을 하고, 의사 표현도 가능합니다. 아이의 두뇌가 어른의 70% 정도에 이를 만큼 폭발적으로 뇌가 발달하는 시기입니다. 아이와 애착을 다지는 일이 무엇보다 중요한 때이며, 엄마에게 무한한 신뢰감을 느끼고 세상을 탐험하기 위해 나설 수 있도록 준비시켜야 합니다.

3단계 훈육자: 만 4~7세이며, 엄마 품에서 벗어나 또래나 대인관계를 맺으며 첫 사회생활을 시작하는 연령입니다. 엄마는 아이에게 옳고 그른 것을 알려주고, 해도 되는 일과 하면 안 되는 일을 가르칩니다. 다른 사람과 어울리고 세상을 접하는 일이 순조로워질 수 있도록 도와줘야 합니다.

4단계 격려자: 만 7세~12세까지입니다. 선생님, 친구 그리고 책이나 TV, 인터넷과 같은 다양한 미디어를 통해 스스로 지식을 습득하게 됩니다. 아이가 난관에 맞닥뜨리면 잘할 수 있다는 자신감을 심어주고, 실패하더라도 그것이 좋은 경험이며 다시 도전할 수 있도록 용기를 줘야 합니다. 엄마가 격려자의 역할을 잘 해낼 때 자아존중감이 높은 아이로 자랄 수 있습니다.

5단계 상담자: 만 12~20세까지입니다. 이때 아이는 십 대, 청소년기에 접어들어, 생각이나 속내는 엄마라도 간섭할 수 없습니다. 이때 부모는 아이에게 좋은 상담자, 카운슬러, 멘토가 되어주어야 합니다. 주변인, 질풍노도의 시기를 거치면서 아이는 수많은 고민과 혼란을 겪고, 왜 공부를 해야 하는지에 대한 의문을 품을 수도 있습니다. 엄마는 '무조건 내 말을 따르라'가 아닌 아이의 고민을 진지하게 들어주고 공감하며 아이의 행복을 위해 인생 선배로서 조언을 아끼지 말아야 합니다. 이 시기가 지나면 아이는 엄마와 같은 어른이 된다는 것을 염두에 둬야 합니다.

책 『마더쇼크』에서 발췌했습니다. 엄마에 관한 책이다 보니 주어가 엄마입니다. 현대 사회에서는 아빠도 같은 역할을 해야 합니다.

내 엄마와 좋았던 기억, 글로 표현하기

아빠가 내 아빠라 좋은 이유

어린이날 늦잠을 자고 있는데, 누군가 내 손에 뭔가를 쥐여주었습니다. 나는 누군가 잠을 깨운다고 짜증 섞인 목소리로 "더 잘 거야." 하며 몸을 움직여도 계속 손을 잡았습니다. 아빠가 내 손에 만원을 쥐여주고 있었지요. 나만 주려고 했는데, 옆에 있던 언니가 먼저 잠에서 깼습니다. 아빠는 잠에 깬 언니를 보고 머쓱해했고, 언니는 중학생인 자신은 청소년이고, 어린이날은 초등학생인 나만 용돈을 줘도 된다고 말했습니다. 성인이 된 후 언니에게 이 날을 기억하는지 물었는데 모른다고 했습니다. 초등학교 5학년 때로 추억합니다.

아빠는 젖은 머리를 잘 털어주셨습니다. 말 그대로 털었습니다. 수건을 세로로 길게 접어 머리카락을 툭툭 칩니다. 옆에서 보면, 무공인이 수건으로 무술 연마하는 모습 같기도 했고,

수타 장인인 면발을 만드는 모습 같기도 했습니다. 아빠의 머리카락 털기는 아팠지만, 효과가 좋아 머리카락이 빨리 말랐습니다.

"머리 말리는 건 아빠가 잘해."라며 아빠와 씻고 나온 붕붕이에게 나는 말합니다. 붕붕이는 나와서 옷을 입고, 아빠에게 머리카락을 털러 갑니다. 나에게 좋았던 추억을 붕붕이와 공유하여 기분이 좋습니다. 붕붕이 아빠도 적극적으로 털어줍니다. 이 털기 기술을 남자들은 어디서 따로 배우는 건지 궁금합니다.

결혼 전, 아빠에게 본인의 아빠에 대해 여쭤보았습니다. 아빠와 둘이 진지하게 대화를 나눈 건 처음이었지요. 아빠의 아빠도 당신의 삶과 크게 다르지 않았습니다. 아빠가 생각하는 가족이 무엇인지도 여쭤보았고, 엄마의 생각이 들어가지 않은 아빠의 생각을 처음 들었습니다. 법륜 스님이 즉문즉설에서 엄마는 자식들에게 아빠의 나쁜 점을 이야기하지 말라 하셨습니다. 이유는, 엄마가 아빠의 단점을 이야기하면 아빠와 자식 사이를 서먹하게 만들고, 엄마가 아이에게 아빠의 부정적인 이미지를 만든다고 했습니다. 내가 알던 아빠는 대부분 엄마의 입을 통해 전해 들은 거였습니다. 아이에게 배우자에 대해 험담하지 마세요.

아빠가 돌아가신 후에 아빠와 대화한 날이 가끔 떠오릅니다. 이직, 이사 등 중요한 선택 시 당신 자신만의 편의를 생각하신 줄 알았는데, 그날 대화로 자식들을 생각하는 마음이 있다는 걸 알게 되었습니다. 아빠와 대화하지 않았다면 몰랐을 것입니다.

당신은 엄마의 눈으로만 아빠를 보고 계시지는 않나요? 나 자신의 시각으로 아빠를 바라보는 건 어떨까요? 나 자신을 위해서 내 아이를 위해서요. 당신이 예비 엄마든 아빠든 중요하지 않습니다. 당신의 부모님을 긍정적으로 바라본다면, 당신의 아이도 당신을 긍정적으로 바라볼 가능성이 더 커집니다.

당신 아빠의 장점은 무엇인가요?

아빠의 인간적인 매력은 무엇인가요?

아빠를 자랑스럽게 느낀 적은 언제인가요?

당신이 어떤 행동이나 말을 했을 때 아빠가 좋아하셨나요?

　아빠와 사이좋은 딸이 남자와의 관계가 우호적이라는 내용을 어느 책에서 봤습니다. 아이들은 아빠에게서 남자와 관계 맺는 방법을 자연스럽게 배웁니다. 남자와의 관계란, 남녀관계, 선생님과 학생, 나아가 사회생활에서의 직장 상사와의 관계를 뜻합니다. 한국에서 중간관리자의 여성 비율이 10.5% 정도입니다. 절대적으로 남자 비율이 높습니다. 남자아이의 경우는 아빠가 자신의 롤모델입니다. 아빠와 사이좋은 아이는 사회관계 특히 상하 관계를 자연스럽게 익힙니다.

　아빠와 함께하는 놀이가 아이들에게 좋다는 건 이미 여러 연구에서 밝혀져 아는 사실입니다. 현대사회에서 아빠 놀이, 역할이 중요한 이유를 책 『파더쇼크』에서는 핵가족화에서 찾았습니다. 과거에는 조부모, 삼촌, 이웃 사람 등 아빠 이외의 성인 남자와 관계를 맺을 기회가 많았습니다. 현대에서는 부모와 자식만 사니 어른들에게 배울 기회가 그만큼 줄었습니다. 이 부족한 부분을 아빠가 메워 줘야 합니다. 아빠와 아이가 친하게 할 수 있는 방법은 뭐가 있을지, 태교 중에 찾으면 실제 육아 시에 도움이 됩니다.

내 아빠와 좋았던 기억, 글로 표현하기

다시 태교할 수 있다면

엄마가 내 엄마라 싫은 이유

"엄마를 찾아주세요."

"너 어디서 왔니?"

"차 타고 멀리에서 왔어요."

"어디 왔니?"

"친척 결혼식에 왔어요."

"쪼기 빨강 지붕 집 내일 잔치한다던데, 거기 왔나 보네."

내 나이 일곱 살, 작은아빠 결혼식 준비로 엄마와 큰집에 갔을 때 길을 잃어 버렸습니다. 엄마에게 과자를 사달라 했지만, 엄마는 잔치 음식으로 준비한 걸 먹으라면서 가게에 같이 가주지 않았습니다. 친구도 없었고, 장난감도 없었습니다. 엄마에게 놀아달라고 해도 엄마는 바빠 놀지 못했습니다. 당시에는 경조사 때 집에서 음식을 장만해 대접하는 풍습이 있었습니다.

때마침 큰집 오빠가 밖으로 나가는 것을 봤고, 어디 가는지 묻지도 않고, 엄마에게 나간다고 말하지도 않고 오빠를 몰래 따라나섰습니다. 오빠는 가게를 지나 다른 곳으로 갔습니다. 나는 목적지였던 가게에 들어가 과자를 사고 나왔습니다. 왔던 길을 되돌아왔는데 큰집이 나오지 않았고, 이 길이 맞는데, 아까 이 길로 나왔는데 하면서 걸었지만 결국 큰집은 나오지 않았습니다. 근처를 울며 배회하던 나를 밭에서 일하는 아줌마들이 보고 불러, 신상을 물었습니다. 내가 어느 집에 찾아온 아이인지 파악 후, 나에게 노래를 시켰습니다.

아줌마들의 웃던 모습이 아직도 기억납니다. 어린아이가 울면서 노래하니 귀여웠겠죠. 길 잃은 어린이에 대한 배려는 없었습니다. 일하던 중 재미가 되었겠지만, 나에겐 트라우마로 남았습니다. 나는 그 뒤로 노래 부르는 걸 싫어합니다.

노래를 부르는 중, 멀리서 엄마 목소리가 들렸고, 내가 엄마를 불러 엄마가 내가 있던 곳으로 왔습니다. 그렇게 나는 엄마를 찾아 좋아했습니다. 그 이외에 다른 감정은 없는 줄 알았는데, 아니었습니다.

성인이 된 후 심리 상담을 받았습니다. 당시 내가 어린아이였는데도 엄마가 놀아주지도 않고, 과자 사러 같이 가주지 않으면 있어야 할 엄마에 대한 원망하는 마음이 없답니다. 어린

아이로서는 당연한 감정이었을 텐데 나한테는 없다는 겁니다. 나는 그때 너무 놀랐습니다. 의식적으로 엄마의 좋은 점만을 보려고 했습니다. 엄마도 사람이고 실수할 수 있고, 나쁜 점이 있었을 텐데 나는 보지 못했습니다.

  무조건 좋은 엄마나 나쁜 엄마는 없습니다. 좋은 점이 있고 좋지 않은 점도 있습니다. 앞에서 엄마가 내 엄마라서 좋은 점을 써보았다면, 이번에는 엄마의 좋지 않은 점을 써보세요. 내 안의 불편함을 찾고 인지하면 상처의 크기는 줄어듭니다.

　　가장 싫어하는 엄마의 모습은 어떤 건가요?

　　어떤 때 엄마에게 실망하셨나요?

　　엄마에게 바라는 모습이 있나요?

엄마에게 좋은 감정이 많나요? 좋지 않은 감정이 많나요? 그 이유는 무엇일까요?

책『성공하는 사람들의 7가지 습관』에 보면 '감정은행계좌'가 나옵니다. 인간관계에서 나타나는 신뢰의 정도를 표현한 것이지요. 한 사람이 다른 사람에게 가지는 안정감을 뜻합니다. 다른 사람과의 관계에서 좋은 일이 생기면 플러스 잔고가 되고, 나쁜 일이 많으면 잔고가 마이너스가 됩니다. 사람과 사람의 관계가 하나의 사건으로만 정의되지 않고, 유기적으로 연결된 것을 말해 줍니다.

나는 엄마와 감정은행계좌가 플러스입니다. 플러스가 많아 마이너스 된 부분을 생각지 않고 살았지요. 만약, 당신과 어머니의 감정은행계좌가 마이너스 상태라면 제로로 만들어 보세요. 당신과 당신 아이를 위한 일임을 잊지 마세요.

내 엄마와 좋지 않았던 기억, 글로 표현하기

아빠가 내 아빠라 싫은 이유

20대에 오빠가 책 한 권을 선물했습니다. 양귀자의 『모순』. 우리의 삶을 닮았다는 메모도 함께였습니다. 평소 나에게 먹을 거 이외에는 사주지 않던 오빠어서 책을 선물한 이유가 궁금했지요. 책을 읽고 나서 이해가 되었습니다. 아빠의 주취폭력. 엄마의 경제활동. 누구나 단란하고 화목한 가정을 원하지만, 나에게도 책 속 주인공에게 없었습니다. 아빠에 대한 기억은 좋은 것보다 나쁜 게 더 많습니다.

어려서부터 아빠가 무서웠습니다. 언제 화를 낼지 모른다는 불안감. 언제 맞을지 모른다는 긴장감. 내가 맞지는 않았지만, 폭력을 보았기에 공포감을 언제나 가지고 있었습니다. 아빠가 돌아가시고 나서 조금은 벗어날 수 있었지만, 다 사라지지는 않았습니다.

글쓰기 모임에서 만난 뇌과학자에게 아빠와 안 좋았던 기억을 좋은 추억으로 바꾸는 초기기억 리빌딩 작업을 했습니다. 다섯 살쯤, 아빠가 집에 있나 없나를 멀리서 숨어 보던 내 모습. 겁에 질려 가까이 가지는 못하고, 마당이 보이는 곳에서 숨어서 보던 나였습니다. 코칭을 받은 후에 아빠와 숨바꼭질하는 모습으로 리빌딩했습니다. 이때 장면이 떠오를 때면 이제는 숨바꼭질하는 모습이 함께 연상됩니다. 공포감과 긴장감은 조금 남아있지만, 전보다 편안해졌습니다. 아빠와의 관계가 안 좋아서인지, 나보다 나이가 많은 남자 어른과의 관계가 어렵습니다. 위축되고, 눈치를 봅니다.

아빠에게 할아버지가 어떤 사람인지 물어본 후에 아빠의 폭력성이 대물림되었다는 걸 알았습니다. 아빠의 입을 통해 들으니 아빠가 불쌍했고, 아빠도 나와 같이 행복한 가정을 바랐을 텐데 그렇지 못해 안타까웠습니다. 한편으로는 아빠에게 형제 세 분이 더 계시는데, 성향이 모두 달라, 아빠를 원망하는 마음도 들었습니다. 사람은 같은 환경에서 다르게 자랄 수 있습니다. 상담을 받았을 때 30세 전까지는 부모의 영향을 받지만, 30대 이후에는 자신의 삶을 살아야 한다고 들었습니다. 성인이 된 후의 내 삶을 어떻게 채울지는 전적으로 자신의 몫입니다.

아빠가 돌아가신 후 아쉬운 점은 아빠의 부재를 못 느낀다는 점입니다.

당신은 아빠와의 사이가 좋으셨나요? 아니면 나처럼 기억하기 싫으신가요? 나와 내 엄마처럼 관계가 좋았다고 해도 뭔가 아쉬운 부분이 있을 수 있습니다. 그걸 한번 적어보세요. 당신 안의 내면 아이가 성장하는 기회가 됩니다.

가장 싫어하는 아빠의 모습은 어떤 건가요?

어떤 때 아빠에게 실망하셨나요?

아빠에게 바라는 모습이 있나요?

아빠에게 좋은 감정이 많나요? 좋지 않은 감정이 많나요? 그 이유는 무엇일까요?

책 쓰기 모임을 통해 코칭을 업으로 하신 분을 만났습니다. 만나면 글쓰기 이야기를 주로 했는데, 개인적인 이야기를 하다, 우연히 아빠 이야기를 하던 중 아직 남자 어른이 어렵다고 말했습니다. 그분은 아빠가 돌아가신 후임에도 내가 아직 아빠 그늘에 있다고 말씀하셨는데, 부정할 수가 없었습니다.

아빠의 그늘에서 벗어나기 좋은 방법으로 아빠에게 편지를 써보라고 했습니다. 아빠에게 좋았던 감정, 나빴던 감정, 지금까지 하지 못했던 이야기를 다 써보라 했습니다. 마지막 문장은 "나는 아빠를 용서합니다."라고 쓰라 했습니다. 자신이 아빠 교육을 받았던 당시 마지막에 했던 의식이며, 자신도 그러고 나서 자신의 아버지 그늘에서 벗어날 수 있었답니다. 편지 쓰라는 말을 처음 들었을 때는 편지는 쓸 수 있는데 용서한다는 글은 못 쓸 것 같았습니다.

용서는 안 되지만 인정은 된다고 쓰려고 했지요. 아빠에게 편지 쓸 내용을 생각하다 보니, 용서도 할 수 있을 듯합니다. 아빠를 위해서가 아니라 나 자신을 위해서요. 나는 이 글을 통해 아빠에 대한 많은 부정적인 감정을 내려놓았습니다.

내 아빠와 좋지 않았던 기억, 글로 표현하기

엄마가 바라는 나

"거짓말하지 말아라." 어릴 때 엄마에게 가장 많이 들었던 소리입니다. 붕붕이를 키우던 중 엄마에게 "내가 어떤 사람으로 자라길 바랐어?"라고 물었습니다. 엄마는 "착한 사람", "사회에 필요한 사람이 되길 바란다."라고 했습니다. 나 한 사람 잘살길 바라는 줄 알았는데, 아니었습니다. 사회까지 생각할 줄이야. 직접 물어보지 않았다면 몰랐을 것입니다.

붕붕이를 키우면서 붕붕이가 어떤 사람이 되길 바라는지 자주 생각합니다. 곤히 자고 있을 때 특히 그렇습니다. 붕붕이에게 바라는 건 많습니다.

- 붕붕이가 건강했으면 좋겠습니다.
- 붕붕이가 자신이 좋아하는 일이 무엇인지 알면 좋겠습니다.

- 붕붕이의 교우 관계가 좋으면 좋겠습니다.
- 붕붕이가 자기 의사를 밝히는 사람이면 좋겠습니다.
- 붕붕이가 타인을 배려하는 사람이면 좋겠습니다.
- 붕붕이가 자신이 소중한 사람이란 걸 알았으면 좋겠습니다.
- 붕붕이가 재치 있는 사람이면 좋겠습니다.
- 붕붕이가 지혜로운 사람이면 좋겠습니다.
- 붕붕이가 자신의 삶을 살았으면 좋겠습니다
- 붕붕이가 행복했으면 좋겠습니다.

신이 이 중 하나만 골라 들어 준다고 한다면, 붕붕이의 행복을 고르고 싶습니다. 붕붕이가 행복하다면 그 안에는 건강, 좋아하는 일, 친구, 연인, 가족 관계까지 포함되었기 때문이죠. 엄마가 바라는 대로 내가 자랐는지는 엄마만이 알 수 있습니다. 내가 확실히 알 수 있는 건 '나는 지금 삶에 대체로 만족한다.'입니다.

당신은 어떤가요? 당신의 삶에 만족하시나요? 한다면 어떤 점이 만족스러우신가요? 당신 엄마가 바라는 당신의 모습은 어땠나요? 차이가 있나요? 어떻게 다르나요? 거기에서 오는 느낌은 어떤가요? 엄마와 당신 사이를 되돌아보는 건 당신과 아이의 관계 형성에 도움이 됩니다.

다시 태교할 수 있다면

🔹 엄마가 당신에게 바라는 모습은 어떤 거였나요?

🔹 엄마는 어떤 점을 중요시했나요?

🔹 엄마는 당신의 어떤 행동을 좋아하셨나요?

🔹 언제 당신 엄마가 당신을 사랑한다고 느꼈나요?

    2016년 JTBC 탐사플러스에서 서울 시내의 한 고등학교를 조사한 결과 희망 직업 1위가 공무원이 나왔습니다. 일도 힘들지 않을 것 같고, 정년도 보장되고 연금도 많이 받기 때문이라고 답했습니다.

    교육부와 한국직업능력개발원이 2017년에 전국적으로 시행

한 조사 결과에서는 초중고 장래 희망 1위가 교사로 나왔습니다. 이 희망 직업은 10년째 바뀌지 않았습니다. 초등학생에게는 선생님이 존경의 대상이자 힘을 가진 존재로 보이기 때문에 그럴 수 있습니다. 중학교를 지나 고등학생까지 교사라는 직업을 장래 희망으로 품는 건 다릅니다. 초등학생과 고등학생이 선생님을 바라보는 시각은 전혀 다르지요. 고등학생이 장래 희망으로 선생님으로 적은 건 직업의 안정성을 고려한 겁니다. 직업에서 안정성을 찾는 건 '부모의 희망일까요? 학생의 희망일까요?' 궁금합니다.

아이가 무엇을 잘하는지, 무엇을 좋아하는지, 관찰해보고 알려 주는 것 또한 부모의 역할입니다. 당신 자신이 하고 싶었던 일, 자신이 하지 못했던 꿈을 자식에게서 대리 만족하지 않기를 바랍니다.

내가 바라던 엄마상, 글로 표현하기

아빠가 바라던 나

돌아가신 아빠에게 내가 어떤 사람이 되길 바라는지 물어본 적이 없습니다. 이제는 아빠가 바라는 자식의 모습이 어떤 모습인지 알 길이 없습니다. 말수가 없으신 분이라 유추하기도 어렵습니다. 엄마가 되고 나서야 부모의 마음이 보이기 시작했습니다.

아빠는 먼저 자식들에게 말을 거는 적이 없었고, 같이 놀았던 기억도 없습니다. 자식들에게 관심이 없으신 듯했지요. 여행은 자식들이 크고 나서 자식들이 계획을 세워야 다녔습니다. 어려서는 아빠가 왜 자식을 낳았는지 궁금했지요. 좋은 아빠가 되고 싶은지에 대해서도 의문을 품었습니다. 지금도 그 답을 알지 못합니다. 아빠가 어떤 아빠가 되고 싶었는지, 아빠의 자식들이 어떤 사람으로 자라길 바랐는지 알지 못합니다. 아빠도 엄마와 비슷하지 않았을까요? 지금 물어볼 수 없는 게 가끔 아쉽습니다.

"남편은 붕붕이가 어떤 사람이 되길 원해?"
"건강하게."

남편과 내가 한 대화입니다. 많은 부모가 아이들이 건강하게 자라길 바랍니다. 맞는 말이지요. 아이가 커가면 건강하게만 자라길 바라지 않습니다. 말을 빨리해야 하고, 숫자도 빨리 세어야 하고, 글자도 빨리 익히길 바랍니다. '건강하게만 자라다오.'는 아이 돌까지 부모의 바람인 듯합니다.

아이는 돌까지 뒤집기, 되짚기, 앉기, 기기, 서기, 개인차에 따라서 걷기 등의 발달이 이루어집니다. 뒤집기를 할 때쯤이면 많은 부모가 다른 아이와 내 아이를 비교합니다. 커가면서 비교할 거리는 더 많아지죠. 두 단어 말하기, 제자리에서 점프, 'V'를 손가락으로 만들기 등. 놀이터만 나가도 다른 아이를 자세히 봅니다. 자신이 비교하는지도 모를 때가 있습니다. 물론 나도 붕붕이와 다른 아이들을 비교할 때가 있습니다.

손가락의 미세한 움직임, 끼적이는 정도, 숫자 세기 등. 발달이 느린 점을 찾으려면 더 찾을 수 있습니다. 나도 대한민국에서 나고 자란 엄마입니다. 붕붕이는 킥보드, 세발자전거를 또

래보다 빨리 배웠고, 한 단어 말하기가 빨라고 특히 먹는 단어를 빨리 익혔습니다. 내 아이의 느린 점만 찾지 말고, 빠른 점을 찾아보세요. 내 아이의 미소가 더 사랑스러워집니다.

자라면서 부모님의 바람이 부담스러운 적이 있다면, 당신이 자식에게 물려 줄 수 있습니다. 자식에게 물려주고 싶지 않다면 마음 챙김을 해야 합니다. 싫은 이유가 무엇인지, 당신의 부모가 왜 그렇게 행동했을지 생각해보세요. 부모님의 행동이 싫었다면, 이해하기는 힘듭니다. 이해되지 않으면 인정해보세요. 당신 부모님이 자랐던 시대상, 부모님의 성향 등 객관적으로 바라보기만 해도 당신 부모에게서 받은 부담감으로부터 한결 편안해집니다.

아빠가 당신에게 바라는 모습은 어떤 거였나요?

아빠는 어떤 점을 중요시했나요?

아빠는 당신의 어떤 행동을 좋아하셨나요?

언제 당신 아빠가 당신을 사랑한다고 느꼈나요?

책 『파더쇼크』에서 요즘 아버지들의 대표적인 감정은 '혼란'이라 합니다. 아빠로서 어떻게 아기와 지내야 하는지, 아내가 무엇을 바라는지 모른다는 것이죠. 우리 때의 아버지들이 아이를 키울 때와는 많이 달라졌습니다.

인간관계 책이나 연애에서 남자와 대화할 때 정확하게 말하라고 합니다. 돌려 말하거나 감정적으로 말하지 말고, 원하는 바를 정확하게 말해야 합니다. 태교나 육아에서도 그렇습니다. 남편이나 아기에게 해주었으면 하는 게 있다면 정확하게 말하세요. 아들연구소 최민준 대표는 남자들에게 말할 때는 주변을 조용하게 하고, 눈을 마주치고 하라고 했습니다.

내가 바라는 아빠상, 글로 표현하기

다시 태교할 수 있다면

내가 되고 싶은 부모의 모습

내 고향 동네에는 친구가 없었습니다. 언니 오빠가 학교에 간 후로는 같이 놀 사람이 없어 대부분 혼자 놀았습니다. 소꿉놀이도 혼자, 산과 밭도 혼자 다녔습니다. 심심하면 엄마 일하는 곳에 가기도 했지만, 그러면 엄마가 불편해서 자주 가지 못했습니다. 학교에 입학하니 친구가 생겨 좋았습니다. 그러던 중 초등학교 5학년 때, 우리 반에 전학생이 왔습니다. 전학생 집이 우리 집과 가까워 전학 초기에는 친구 집에 자주 갔습니다.

하교 후 친구 집에는 엄마가 있었습니다. 낮시간에 엄마가 집에 있다는 것만으로도 나는 놀랐습니다. 친구 집에 가면 친구 엄마는 웃으며 우리를 반겨주셨습니다. 재미있게 놀다 가라 하셨고, 간식을 챙겨주셨습니다. 미용 일을 하셨던 친구 엄마는 친구의 머리도 직접 잘라주신다고 해 부러움은 배가 되었지요. 친구 집에는 우리 집에 없던 게 하나 더 있었습니다. 친구 집에는 알록달록한 동화책이 많았습니다. 우리 집에 있던 위인 전과는 달랐습니다. 비슷한 또래의 모험 이야기, 동물들의 탐험기 등 지금은 내용이 잘 기억나지 않지만, 책을 보러 친구 집에 가는 경우도 있었습니다.

작은 아빠 엄마 부부는 말은 툭툭 던지지만, 애정이 느껴집니다. 두 분은 어디를 가나 함께합니다. 같이 없는 경우는 어디 계신지, 언제쯤 오시는지 서로 알고 계십니다. 서로의 일정을 공유하고, 나눕니다. 서로를 아끼는 사이 좋은 부부입니다.

친구 엄마와 작은엄마, 작은아빠 같은 부모가 되고 싶어 노력 중입니다. 아이에게 사랑을 주고, 지지해주고, 믿음을 주고, 함께하는 시간이 많은 부모. 내가 내 부모에게서 받지 못했다고 해도, 자식 사랑하는 방법은 다른 곳에서 보고 배울 수 있습니다. 그간 내가 좋게 보았던 부모의 모습에서입니다. 한두 명은 분명히 있습니다. 내가 되고 싶은 부모의 모습이나 부러워했던 친구의 부모님, 그게 없었다면 TV 드라마나 영화에서 찾아도 됩니다. 당신이 되고 싶은 부모의 모습을 생각해보세요. 당신의 미래가 될 수 있습니다.

🔹 부모가 무엇이라고 생각하나요?

- -

- -

🔹 당신이 생각하는 이상적인 부모의 모습은 어떤 건가요?

- -

- -

🔹 부모로서 가장 가치 있는 행동 & 생각은 어떤 걸까요?

- -

- -

🔹 부모로서 꼭 이루고 싶은 건 무엇인가요?

- -

- -

앞에서 애착 형성의 75%가 대물림된다고 했습니다. 그럼 25%는 그렇지 않는다는 말이지요. 이것은 내 엄마 아빠의 양육 방식과 내 양육 태도가 달라질 수 있다는 의미입니다. 당신이 되고 싶은 부모의 모습을 찾으세요. 원하는 것을 정확히 알아야 그것과 비슷하게라도 될 수 있습니다. 말이 아닌, 글로 쓴다면 더 명확해집니다.

- 붕붕이가 사춘기 때 자신의 고민을 털어놓을 수 있는 부모가 되고 싶습니다.
- 붕붕이에게 친한 친구가 누구인지 물어보지 않아도 먼저 알려주고 싶은 부모가 되고 싶습니다.
- 붕붕이가 좋아하고 싫어하는 게 무엇인지 아는 부모가 되고 싶습니다.
- 붕붕이가 좋아하는 놀이가 무엇인지 아는 부모가 되고 싶습니다.
- 붕붕이가 좋아하는 장소가 어디인지 아는 부모가 되고 싶습니다.
- 붕붕이와 감정을 나누는 부모가 되고 싶습니다.
- 붕붕이가 자존감이 높은 성인으로 자랄 수 있도록 도와주는 부모가 되고 싶습니다.
- 붕붕이가 성인이 된 후에도 시간을 같이 보내고 싶은 부모이고 싶습니다.

물론 위에 적은 대로 이루어지지 않을 수도 있습니다. 그렇다고 해도 내가 이런 부모가 되기 위해 노력한다는 건 변하지 않습니다.

내가 바라던 아빠상, 글로 표현하기

많은 부모의 소망 중 하나는 아이가 책과 친하게 지내는 것입니다. 책이 좋은 걸 알기 때문이죠. 아이가 책을 안 읽는다고 고민하는 부모를 보신 적 있으시죠? 그 부모의 대다수가 책을 읽지 않습니다. 부모 중 한 명이라도 책과 친하다면, 아이는 책과 친구가 될 가능성이 큽니다. 이건 모두 알고 있지만, 실천이 어렵습니다.

붕붕이 친구들과 도서관에 간 적이 있습니다. 어린이 도서관이라 아이들의 관심을 끄는 게 많았습니다. 다른 아이들은 돌아다니고 밖으로 나가려고 하는데, 붕붕이만 책에 관심을 가지고 오래 봐서 다른 엄마들이 놀라워했습니다. 집에서 두 시간 동안 책을 읽은 적도 있습니다. 붕붕이가 어린이집에서 친구들에게 책을 읽어준다고 합니다. 33개월 아기가 책 읽어주는 거는 대단한 게 아닙니다. 그림을 보고 사물, 동물의 이름을 알려주고, 선생님에게 들었던 기억나는 부분 말해주는 정도겠죠? 다른 아이들에게 책을 읽어주는 건, 책을 자주 본 아이의 특징입니다. 나, 붕붕, 책 셋이 함께 노는 방법을 소개해드리겠습니다. 책 좋아하는 붕붕이를 보고 궁금해하는 엄마들이 많아 정리했습니다.

첫 번째, 책을 장난감으로 여기세요.

책을 공부의 수단, 지식을 넣는 수단으로 생각하지 말아 주세요. 책으로 교육을 시작하는 시기는 따로 없습니다. 책과 친하면 아이가 자신의 발달에 맞게 배우고 익힙니다. 장난감 중에 하나라 생각해 주세요. 한동안 붕붕이는 친구들이 어린이집 가방에 장난감을 가져가듯이 책을 가져 갔습니다. 어느 날 친구가 장난감 가져와서 자랑하니, 붕붕이가 나에게 장난감 가져왔냐고 물어보더라고요. 나는 장난감은 없고 책이 있다고 하니, "책도 장난감이야."라고 말했습니다. 그날 붕붕이에게 하나 배웠습니다.

두 번째, 책에서 나온 행동을 따라 해 주세요.

포옹한다, 뽀뽀한다, 머리 쓰다듬다, 간지럼 태우기, 찌르기, 오르락내리락 등 모션이 나오면 따라 해 주세요. 아이에게 그 말이 무슨 뜻인지 알게 해 줍니다. '길을 쭉 따라간다'라는 글이 나온 책이 집에 있습니다. 길을 손가락으로 쭉 따라가는 흉

내를 내곤 했죠. 어느 날 길을 걷던 붕붕이가 "이 길을 쭉 가면 돼?"라고 묻더라고요. 책 속의 말을 이해했다는 거죠. 가끔 붕붕이의 어휘에 나도 놀랍니다.

책에 나온 내용을 행동으로 따라 하면 단어인지에 도움이 되고, 아이들이 재미있어합니다. 책을 읽다 모션했던 부분이 나오면, 붕붕이는 눈을 동그랗게 뜨고 기다리고 있다는 표정을 짓습니다. 그냥 읽기만 하는 것보다 아이의 웃음소리를 배로 들을 수 있습니다.

세 번째, 단어에 생명력을 넣어주세요.
책을 읽을 때 한 가지 목소리 톤으로 말하기보다, 상황에 맞게 톤을 조절해주세요. 특히 대화문에서요. 연기는 맞지만, 개그맨처럼 성대모사를 하라는 게 아닙니다. 희로애락만 표현해줘도 듣는 이는 생동감을 느낍니다. 특징이 되는 것만 해보세요. 소리 지르는 장면, 우는 장면, 웃는 장면, 화내는 장면 등에서요.

네 번째, 확인용 질문을 하지 마세요.
책을 읽다 보면 아이가 책의 내용이나 단어를 알고 있는지 궁금할 때가 생깁니다. 꼭 생기지요. 아이에게 양육자는 "이게 뭐야?"라고 묻습니다. 질문을 하지 말고 내 아이가 알았으면 하는 게 있다면 한 번 더 이야기해 주세요. 아기가 어느 순간에 알고 말을 할 겁니다. 틀리게 말했다면 "그게 아니야."라는 말보다 "붕붕이는 문어로 봤구나, 이건 오징어야. 문어는 머리가 둥글고, 다리가 8개. 오징어는 머리가 세모 모양이고 다리가 10개야."라고 다른 부분을 이야기해 주세요. 이런 식으로 말해준다면, 아이는 자기가 틀렸다는 것을 인정합니다. 틀린 이유를 설명해주면 아이가 이해하기 쉽습니다. 만약 자세히 설명했는데도 아기가 문어라고 우긴다면, 맞다 틀리다를 말하지 말고, 부드럽게 넘어가 주세요. 자신이 틀린 게 부끄럽거나, 엄마를 이기고 싶을 때 그렇게 합니다. 부드럽게 넘어가도 아이는 틀린것을 압니다.

다섯 번째, 힘든 내색을 하지 마세요.

책 한두 권 읽고 나면 양육자들은 힘들다고 말합니다. 아이도 책 읽는 것은 힘든 일로 인지합니다. 책을 여러 권 읽으면, 말을 계속해야 하니 목이 아픕니다. 압니다. 그럴 때는 아기들에게 질문해보세요. "여기 보이는 토끼는 무슨 생각을 하는 걸까?", "붕붕이 같으면 어떻게 했을 것 같아?", "이럴 때 엄마는 어떻게 해줬으면 좋겠어?", "이 친구는 어떤 기분일까?" 등 책과 관련되어 있지만, 책의 내용이 아닌 다른 질문을 해보세요.

아이가 모든 질문에 답을 하지는 않습니다. 모든 질문에 답을 기대하지 마세요. 답을 못 하더라도 생각해보는 기회를 아이에게 주세요. 당신은 쉬는 시간을 가지고요. 책을 읽으면서도 상호작용이 가능합니다. "네", "아니요"로 답할 수 없는 개방형 질문을 해주세요. 장난감을 가지고 놀 때보다 깊은 대화를 할 수 있습니다.

질문할 내용이 떨어지고, 그래도 힘들다면 다른 놀이로 유도해보세요. 평소 아이가 좋아하는 놀잇감을 보여주면서, 책 읽기에서 다른 놀이로 전환하세요. 아이가 어릴수록 책 읽는 건 재미있다는 걸 알게 해주세요. 세 살 버릇 여든까지 갑니다.

책, 동물, 야채, 과일 모형은 아이가 커서도 놀 수 있는 장난감이니 일찍 준비하는 걸 추천합니다. 책 속에 나온 야채나 동물이 모형 장난감으로 있다면, 책 위에 올리고 상황극을 해보세요. 사고확장의 기회가 됩니다. 실제 야채 과일이 집에 있다면 보여주고, 간식이나 반찬으로 준비해주세요. 아이가 재미있어 하고, 편식하지 않게 도움이 됩니다. 다양한 방법으로 양육자가 책과 함께 놀면 아이는 책을 더 특별히 여깁니다.

당신이 보고 알고 있는 부모님이 다일까요? 분명 아닐 겁니다. 부모님에게 직접 여쭤보세요. 인터뷰해보세요. 질문 예시를 드립니다. 부모님을 깊게 이해하는 데 도움 되길 겁니다. 여기 없는 질문이라도, 평소 궁금하신 걸 여쭤보셔도 됩니다.

- 내가 가장 자랑스러웠던 순간이 언제인가요?
- 사시면서 가장 아쉬웠던 순간은 언제인가요
- 나를 몇 살 때 낳고 싶으셨나요? 이유는요?
- 나의 어느 면이 좋은가요?
- 살아오면서 가장 힘들었던 기억은 언제인가요?
- 타임머신 타고 돌아간다면 몇 살로 돌아가고 싶은가요?
- 단 한 번 과거의 나에게 조언을 할 수 있다면 언제 어떤 말을 해주고 싶으신가요?

- 당신은 부모님의 어떤 부분을 닮았다고 생각하시나요?
- 나는 당신의 어떤 기질을 물려받길 바랐나요? 실제 내가 물려받은 건 무엇인가요?
- 아기를 키우기 전과 후, 바뀐 가치관이 있나요?
- 나에게 어머니의 어떤 점과 아버지의 어떤 점을 주고 싶으세요?
- 삶을 살아오면서, 알게 된 지혜 한 가지를 손자 손녀에게 가르쳐 준다면 무엇일까요?
- 남은 인생을 어디에서 보내고 싶으세요?
- 버킷리스트 10개를 정해 본다면 무엇인가요?

다시 태교할 수 있다면

부모님 인터뷰 정리하기

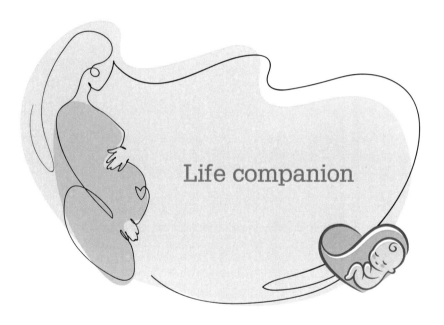

Chapter 3

Life companion

임신을 확인하고 처음 알린 사람은 남편이었습니다. 결혼생활 중 그때만큼 남편에게 먼저 말을 해야겠다고 생각한 적이 없습니다. 남편과 결혼이라는 의식으로 가족이 되었다면, 임신을 확인한 순간은 공동체라는 마음이 생겼습니다.

　주양육자는 있지만, 육아는 혼자 할 수 없는 일입니다. 배우자의 역할이 중요합니다. 의도하였든 하지 않았든 부모가 된다는 것은 육아를 함께 하는 것을 전제로 합니다. 부모가 되는 순간 나만을 위해서 살 수 없습니다. 아이가 아무리 순하더라도 아이를 위해 선택해야 하는 순간이 옵니다. 인내하고 감내해야 하는 순간들이 온다는 말이죠. 이때 부부가 어떻게 헤쳐 나갈지 생각해봐야 합니다.

'모든 순간을 아이를 위해 희생하지는 말자'라는 생각으로 붕붕이를 대합니다. 나는 밖에 나가는 걸 좋아하고, 새로운 놀이 장소를 찾는 것을 좋아합니다. 여행을 좋아하지만, 아이와 멀리는 아직 힘들어 서울 곳곳을 다닙니다. 어떤 때는 나와 아이만 나갈 때도 있습니다. 집에 있는 것을 선호하는 남편이지만, 내가 혼자만의 시간이 필요하다고 요청하면 남편은 옷을 챙겨 입고 붕붕이와 외출을 합니다. 아이를 낳고 기르면서 남편과 팀을 이루었습니다. 팀원은 한 명, 팀장이 두 명인 게 이 팀의 특이점입니다.

나, 남편, 아이가 함께 이루어 가는 날들은 좋을 때만 있는 게 아닙니다. 투덕거리기도 하고, 큰 소리 날 때가 있지요. 매일 목소리 높이며 산다면 함께 하는 게 힘이 듭니다. 이와 반대로 즐거운 날도 많습니다. 아이가 주는 즐거움, 아이와 함께여야지만 갈 수 있는 곳. 이 소중한 경험을 함께하는 남편과 아기, 가족이 있어 이벤트가 생깁니다.

평온한 배우자

남편은 평온합니다. 감정 기복이 거의 없지요. 우스갯소리로 내가 남편과 싸우지 않는 이유는 남편 덕이라 말합니다. 내가 욱해도 남편은 대부분 받아줍니다. 그래서일까 나도 화내는 횟수가 줄었습니다.

남편은 말수도 적습니다. 우리가 싸우거나 사이가 좋지 않을 때 남편의 말 없음이 빛을 발합니다. 시댁에 말을 옮기면 이래저래 터치가 들어올 건데 그러지 않아 평안합니다. 말수가 적은 남편도 자신이 편한 사람과는 길게 대화합니다. 평소 일상을 공유하지 않아도 새로운 경험을 하거나 궁금한 게 있다면 말이 많아집니다. 이때는 남편에게 집중해야 할 때입니다.

나도 개인적이고 남편도 개인적입니다. 서로의 일상을 공유하되 터치하지 않습니다. '너는 너', '나는 나'가 확실합니다. 나와 남편은 서로를 믿습니다. 그 믿음이 있어 우리의 관계가 유지되지요. 개인적인 두 사람이 만나 각자의 역할을 해냅니다. 특히 청소할 때 그렇습니다. 정리를 잘하는 남편과 욕실 청소를 좋아하는 나. 서로 잘하고 좋아하는 것이 다릅니다. 서로 할 때가 되면 할 거라는 믿음으로 간섭하지 않습니다. 상대방이 할 일이라고 시키면 기분이 나쁘겠지요. 결혼생활 5년이 넘으니, 일요일 오후에 청소하는 루틴이 생겼습니다.

남자들은 결혼 후 특히 아이가 태어나면, 자신이 노예라고 생각한답니다. 직장생활하고 집에 오면 아내는 아이만을 위하고 자신은 환영받지 못한다고요. 남자들도 자신이 애 같은 걸 알면서도 그런 마음이 든답니다. 여성학은 있어도 남성학이 없는 이유는 남자는 아동과 똑같이 보기 때문이라는 인터넷 유머가 있습니다.

남편은 뭔가를 결정할 때 생각을 많이 합니다. 생각하면서 행동하는 나와는 다른 점이지요. 남편과 나는 서로의 단점을 보완해주는 관계입니다. 성격에서 완벽한 장점 혹은 단점은 없습니다. 장점을 보완하는 단점, 단점을 보완하는 장점이 있습니다. 남편과 나는 서로 보완적인 관계입니다.

🌀 배우자의 장점은 무엇인가요?

- -

- -

🌀 배우자의 인간적인 매력은 무엇인가요?

- -

- -

🌀 배우자를 자랑스럽게 느낀 적은 언제인가요?

- -

- -

🌀 배우자의 가장 큰 재능이 무엇이라고 생각하나요?

- -

- -

　　남편과 싸웠을 때, 친구가 가정의 평화를 가장 우선에 두라고 조언했습니다. 맞는 말이지요. 배우자와 헤어지지 않을 거라면 평안함이 제 일의 가치로 두어야 합니다. 그 말을 들은 저녁, 남편이 좋아하는 골뱅이무침, 치킨과 맥주를 준비하고 내가 원하는 바를 이야기했습니다. 남편도 자신이 바뀔 부분과 나에게 원하는 바를 이야기했고요. 소리 지르고 싸울 수 있지만, 아이가 있다면 이 또한 쉽지 않습니다.

이날 남편에게 좋지 않은 목소리로 말을 시작하니 아이가 "아
~아아아앙." 하면서 내가 말하는 것을 막았습니다. 아빠와 화
해하기 위해 대화하는 거라고 말하니, 붕붕이는 소리를 멈추고
옆에서 치킨을 먹었습니다. 아이의 분위기 파악은 빨랐습니다.
나와 아이를 위해 남편과 더 많은 대화를 해야겠습니다.

배우자와 결혼 결심한 계기, 글로 표현하기

다시 태교할 수 있다면

말이 없는 배우자

싫어하는 사람을 떠올리며 '길 가다 넘어져라, 누가 저 사람 뒤통수 한 대 치면 좋겠다.'라고 상상할 때가 있습니다. 혹은 더 싫은 사람은 내 눈에서 안 보이는 곳에서 살기 바란 적도 있었습니다. 아이를 낳고 나서는 싫은 사람 중 최고가 남편일 때가 많습니다. 남편이 싫을 때는 그 어떤 싫은 사람과 비교되지 않았습니다.

뭐 대단한 이유도 아니었습니다. 붕붕이 6개월까지는 화장실을 가거나, 물 마실 때 그랬던 적이 몇 번 있었습니다. 10분이면 아기가 잠드는데, 남편이 움직이는 소리가 들리면 아이가 쉬이 잠들지 못합니다. 남편은 아기 재우기가 쉽다고 생각하는 듯했습니다. 아이를 재우고 쉬는 시간을 갖고 싶은데, 남편이 나와 같은 마음이 아닌듯해 남편에게 화가 났습니다. 처음에는 쉬는 시간을 빨리 갖지 못해 화가 난 줄 알았습니다. 지금 그때를 되돌아보니 아니었습니다. 남편이 내가 힘든 걸 알아주지 않고, 공감해 주지 않아 그랬습니다. 그때의 남편은 퇴근 5분 전 야근 시키는 상사보다 미웠습니다.

일과를 끝내고 마지막 미션을 클리어하는 순간을 몰라 줄 때, 서러움 감정이 듭니다. 나중에 남편에게 물었을 때 남편도 참다가 도저히 참을 수 없을 때 움직였다고 합니다. 남편은 참은 걸 내가 알아주지 않아 서운했답니다.

남편의 나쁜 점만 보려고 하면 한없이 나쁜 점만 보입니다. 이제는 남편이 미울 때면 남편의 단점을 생각해보고 그것을 장점으로 바꿔 보려고 노력합니다. 처음에는 힘들었지만, 지금은 할 만합니다. 당신 배우자의 단점은 무엇인가요? 그 단점을 장점으로 바꿔 본다면 어떻게 바꿀 수 있을까요? 이 작업은 배우자를 위한 게 아닙니다. 당신 자신의 평온함을 위해서 하는 것임을 잊지 마세요. 남편의 단점을 적다 보니 몇 개 없었습니다. 내가 매번 같은 거로 불만을 느끼나 봅니다.

말이 없다. → 부부 사이의 일을 시부모님께 전달하지 않는다.
감정 변화가 크지 않다. → 내가 실수해도 화내지 않는다.
청소를 일주일에 한 번만 한다 → 주말에는 정리맨이 출동한다. 남편이 나보다 열 배는 정리를 잘합니다.

🌀 가장 싫어하는 배우자의 모습은 어떤 건가요?

🌀 어떤 때 배우자에게 실망하셨나요?

🌀 당신이 생각하는 이상적인 배우자의 모습은 무엇인가요?

🌀 배우자에게 좋은 감정이 많나요? 좋지 않은 감정이 많나요? 그 이유는 무엇일까요?

책 『베이비 브레인』에 따르면, 부모들이 싸울 때 6개월 미만의 아이들도 뭔가 잘못되어간다는 것을 감지합니다. 혈압, 심장 박동 수, 스트레스 호르몬 등이 증가해 어른들이 스트레스받을 때와 비슷한 변화를 겪습니다. 분위기, 뉘앙스를 어린아이도 파악합니다. 부모가 된 순간부터 부부 사이의 일은 더는

부부만의 일로 끝날 수 없습니다. 원만하게 지내기 위해서는 대화를 많이 해야 합니다. '내가 무엇에 불편해하는지', '뭐가 필요한지' 등 서로 대화해서 맞춰나가는 게 필요합니다.

실제 나도 남편과 대화가 많으면 사이가 좋고, 그럼 아이와도 관계가 좋습니다. 대화가 줄어들면 짜증과 화가 늘어납니다. 사람은 감정의 동물이라 완벽할 수 없지만, 노력할 수는 있습니다. 나와 내 가족을 위해서.

다시 태교할 수 있다면

배우자와 결혼을 후회하는 부분에 대해 글로 표현하기

한계선을 넘은 배우자

"나 오늘 엘리베이터에 갇혔어. 세 명 있었는데, 내가 벨 누르고 고장 났다고 했어. 바로 고치러 올 줄 알았는데 아니더라. 한참을 기다려도 안 오더라. 갇혀있는데 한 번 더 덜컹거려서 놀랐어. 만약 엘리베이터가 떨어지면 어떻게 해야 할지 생각해 보고 찾아봤어."

퇴근 하고 온 남편이 열심히 말했습니다. 평소 무슨 일 없느냐 물으면 없다고 답하는 남편이기에 먼저 말을 꺼내면 들어줍니다. 남편과 함께 산 지 5년 동안 지하철 역사 계단에서 사람이 쓰러져 구급차에 실려 간 걸 본 이후에 두 번째로 남편이 먼저 열심히 말한 날입니다.

붕붕이 친구들 모임에서 아기 아빠들이 엄마에게 아기 사진을 보내 달라고 하고, 뭐 하는지 묻는다면서 배우자에게 사진과 동영상을 자주 보냅니다. 내가 먼저 보내지도 않았고, 남편도 보내라 하지 않았습니다. 남편과 나는 종일 연락 한 번 하지 않을 때도 있습니다. 퇴근 시간을 공유하지도 않습니다. 늦으면 야근 혹은 회식이라 생각하고 묻지도 않았지요. 그렇게 난 괜찮은 줄 알았는데 아니었습니다. 매일 늦던 남편은 연락 없이 일찍 들어와 저녁을 찾기도 했습니다. 밥이 없는데도 그랬죠. 아이의 잠드는 시간도 정할 수 없었습니다. 남편이 퇴근 시간을 알려주지 않는 일이 지속되자, 나는 한계에 도달했습니다.

연락하라는 요청에도 변함없는 남편에게 "한계를 넘었다." 하며 저녁을 집에서 먹는지와 술을 마시는지 야근을 하는지 알려달라고 요구했습니다. 그 후 나도 변했습니다. 대화는 혼자 하는 게 아니고 함께 하는 것을 깨닫고 내가 먼저 소식을 공유했습니다. 어린이집 하원 후 놀고 있는 붕붕이 사진을 보내고, 무엇을 하는지 공유하기 시작했습니다. 남편에게만 하라고 하지 않고 나도 연락을 했습니다. 지금은 남편이 연락 없으면 물음표를 카카오톡으로 보내고 연락하라고 압박합니다.

결혼 생활을 오래 하신 분은 10년은 지나 봐야 결혼생활에 대해 말할 수 있다고들 합니다. 10년이 지나면 아이도 크고 서로에게 또, 배우자의 가족에게 적응이 된답니다. 부부 생활에 중요한 게 뭔지 물어보니, '대화'라 알려줍니다. 대화 즉 서로의 일상과 생각을 공유하는 행동. 긍정적인 대화를 많이 하면서 서로 다름을 풀어 가세요. 말하지 않으면 서로 의견이 다르다는 걸 모릅니다.

👁 부부는 무엇이라고 생각하는가?

👁 당신 부부가 많이 하는 대화는 주로 어떤 내용인가요?

👁 배우자와 의견 충돌이 생길 때 주로 어떻게 하나요?

👁 당신 부부가 중요하다고 생각하는 건 무엇인가요?

서로 다가가기 좋은 대화법

1. "아 그렇구나."- 경청하는 대화: 대화의 기본은 상대방의 말에 귀 기울이는 것입니다. 이것만 잘해도 마음을 반은 열 수 있습니다.

2. "많이 힘들었겠구나."- 수용하는 대화: 이야기를 열심히 들어주는 것만으로도 신이 나는데, 마음까지도 이해해주면 천군만마를 얻은 듯 든든해 합니다.

3. 속마음을 이해하는 대화: 어떻게 속마음을 알 수 있을까요? 상대방이 하는 말보다 기분을 먼저 살펴주세요. 그런 다음 대화를 풀어 간다면 왜 그런 말을 했는지 알 수 있습니다.

책『내 아이를 위한 감정코칭』에 나온 내용입니다. 책에는 주어가 아이로 되어 있습니다. 아이를 빼고도 말이 됩니다. 어른과 어른 사이에서도 좋은 대화법입니다.

배우자와 대화가 잘 통할 때의 느낌, 글로 표현하기

배우자와 중요한 이것

"함께하는 시간. 아이의 미래도 중요하지만, 부부가 함께하는 게 있어야 할 거 같아."

결혼 했지만, 아기가 없는 친구에게 "태교나 육아할 때 배우자와의 관계에서 가장 중요한 게 뭘까?"라고 한 질문에, 친구가 망설임 없이 한 대답입니다. 친구는 주변에서 둘만의 시간을 가지지 못한 부모를 많이 본답니다. 두 사람의 관계가 좋을수록 아기가 잘 웃는다고 하더군요. 붕붕이도 나랑 남편 사이가 좋을 때 더 많이 웃습니다.

붕붕이가 태어나고 나서 남편과 둘만의 시간을 갖기가 어렵습니다. 시댁과 친정이 모두 지방이라 기댈 곳이 없습니다. 남편과 데이트하는 날은, 친정엄마가 병원에 오는 날입니다.

남편이 퇴근 후 돌아왔을 때 나는 잠들었을 때가 상당수입니다. 나는 깨더라도 얼굴만 보고 다시 잠듭니다. 가끔은 남편이 안쓰러울 때도 있지만, 아기와 오후 시간을 보내고 나면 에너지 고갈 상태인 나입니다. 아이와 같이 누워 아이보다 먼저 잠드는 것이 태반입니다.

남편과 함께하는 미래를 꿈꾸며 결혼했는데, 공유하는 시간과 이벤트가 없어 아쉬울 때가 많습니다. 주말에 붕붕이가 낮잠 자지 않고, 일찍 잠들면 남편과 맥주를 한잔합니다. 안주 준비할 때면 손발이 척척 맞지요. 남편은 건어물 굽기, 나는 과자나 과일 준비 말하지 않아도 각자 잘하는 것을 준비합니다. 이때는 준비하는 시간마저도 즐겁습니다.

부부 중에서 아내는 '남편이 아이와 놀기 어려움을 공감해 주지 않아 힘들고', 남편은 '자신이 노예로 생각되어 고립된다.'라고 말합니다. 가끔 둘만의 시간을 가지며 서로 힘든 것을 알고, 토닥토닥해주면 부부 사이가 좋아집니다. 이렇게 말하는 나도 실천하기 어렵네요.

🌢 당신이 배우자와 함께하길 원하는 건 무엇인가요?

🌢 배우자가 당신과 함께하길 원하는 건 무엇인가요?

🌢 당신과 당신 배우자가 충분한 시간을 보내기 위해서는 필요한 게 무엇일까요?

🌢 당신이 배우자와 행복할 때는 언제인가요?

아빠 놀이의 효과

1. 대/소근육 활동으로 신체 발달이 빨라진다.
2. 놀이할 때 사용하는 어휘는 언어발달에 영향을 준다. (유아어를 말하는 엄마와 달리 아빠는 일상적인 단어를 사용해 아이 언어

발달에 더 자극이 된다.)

3. 아빠와의 관계를 통해 사회성 발달에 도움을 받는다.

4. 자존감이 향상되며 리더십 있는 아이로 성장한다.

5. 논리적인 아빠와 의견 결정하는 과정을 통해 창의성 있는 아이로 자란다.

아이의 성장에 도움이 되는 아빠 놀이와 대화를 거창하게 생각할 필요는 없습니다. 1분이면 됩니다. 아이를 자주 안아주고 눈을 맞추며 스킨쉽을 하세요. 영아 전담 어린이집 원장님이 쓴 〈내 아이랑 뭐 하고 놀지?〉에 나온 내용입니다.

배우자에게 배신감을 느꼈을 때, 글로 표현하기

전우애가 필요할 때

입덧이 심해 먹지 못하는 아내. 입덧이 끝나자 먹덧이 시작하기도 합니다. 시간이 지나면 임신성 당뇨를 걱정해야 하고, 그 후에는 아이가 커져 허리, 다리가 아프지요. 이때가 되면 잠을 자는 것마저 힘들어집니다. 대부분의 임산부는 '이 세상에서 내가 제일 힘든 사람'인 것 같습니다. 임신한 아내의 입장입니다.

임신한 아내를 둔 남편들의 입장은 또 다릅니다. 아내가 음식 냄새만 맡아도 입덧을 하니, 집에서 식사하는 것도 눈치가 보입니다. 먹는 것도 아내가 먹고 싶은 것만 먹고, 내 취향은 달나라에 가 있습니다. 자기가 잠들기 힘들다면 출근하는 남편을 새벽에 잠을 깨웁니다. 임신한 아내를 둔 남편의 모습입니다.

내가 힘들면 배우자가 힘든 것을 알아주고, 배우자가 힘들 때면 내가 좀 더 나서는 마음. 육아를 시작하면 서로를 생각하고 위해주는 마음이 필요합니다. 자신만 힘들다고 생각하면 나쁜 감정의 씨가 남습니다. 이 씨에 물을 주면 점점 자라 새싹이 되고, 거대한 덩굴 숲으로 자랍니다. 덩굴 숲에서는 두 사람이 가까워지기 어렵습니다. 부부 사이에서 전우애를 가지는 건 어떨까요. 너도 힘들고, 나도 힘드니 서로 돕고 사랑하는 마음 말이죠.

배우자가 지치면 당신이 좀 나서주고, 당신이 좀 비틀거리면 배우자에게 말하세요. 이런 걸 쉬이 알아차리는 남자도 있지만, 붕붕 아빠는 그런 센스는 없습니다. 이런 사람에겐 솔직히 말하는 게 최고입니다. "나 지금 힘들다. 혼자만의 시간이 필요하다."라고 말이죠.

말하기 위해서는 힘든 게 몸인지 마음인지 먼저 알아야 합니다. 몸이 힘들다면 어떻게 해야 풀리는지 봐야 합니다. 병원에 갈 정도인지, 집에서 좀 쉬면 되는지 말이죠. 마음이 힘든 거면 무얼 하면 나아질지 찾아야죠. 밖에 나가 혼자 놀아야 하는지, 친구를 만나야 하는지, 혼자 동굴에 들어갈 시간이 필요한지 말이죠. 내가 무엇을 원하는지 정확히 알아야 배우자에게 요구할 수 있습니다. 센스없는 남편과 사는 나는 성찰 실력이 늘었습니다.

🕐 아이를 낳으면 당신과 배우자 둘 사이의 관계에서 어떤 것이 중요할
까요?

🕐 지금까지 당신 부부에게 있어서 최고의 성취는 무엇인가요?

🕐 배우자에게 사랑을 주로 어떻게 표현하나요?

🕐 당신과 배우자가 함께하는 모습을 하나의 이미지로 비유한다면 어떤
모습인가요? 그것이 의미하는 바는 무엇인가요?

초보 아빠의 양육 특성

1. 영아의 요구를 다 들어줍니다. 가고 싶은 곳, 하고 싶은 곳
   을 자녀의 요구대로 합니다. 초보 아빠들은 허용적이고

관대합니다.

2. '아빠도 있음'을 인식시키기 위해 다양한 방법으로 노력합니다. 자녀가 자신을 인식하면 뿌듯해하고 기뻐하는 모습을 보입니다. '의사소통될 때', '아이가 아빠라고 부를 때' 아빠가 되었다고 실감합니다.

3. 아빠의 컨디션에 따라 양육 태도가 달라집니다. 아빠의 컨디션이 좋으면 적극적으로 놀이하고 그렇지 않으면 짧게 놀이합니다. 아이는 엄마와의 관계는 일상적이고 익숙하지만, 아빠와는 짧지만, 적극적이라 인상적으로 느낍니다. 그래서 아이는 아빠를 엄마보다 더 인상적인 사람이라고 봅니다.

4. 세상의 모든 것을 자녀에게 알려주고 싶어 합니다. 자연환경, 사물, 일어날 일에 대해 자주 설명해 줍니다. 엄마는 사람의 명칭이나 특성, 주위 환경에 관해 설명해 줍니다. 이 점은 엄마 육아와 비슷하지만, 사용하는 단어는 다릅니다.

5. 가족이 함께 외출할 경우 엄마보다 힘이 더 센 아빠가 아이를 안고 이동합니다. 자녀와 자연스럽게 스킨쉽이 이루어집니다. 이는 아빠에게는 책임감, 아이에게는 사회적

경험을 줄 수 있고, 엄마는 양육의 해방감을 느낄 수 있습
니다.

「초보 아버지들의 양육 특성과 아버지 됨의 변화과정」 논문
에서 나온 내용입니다.

배우자에게 전우애를 느꼈을 때, 글로 표현하기

배우자에게 바라는 것

이든 홀벌이든 상관없이 대부분 아내는 남편의 가사 분담에 불만을 가집니다. 불만을 표하지 않고 쌓아두는 경우도 많습니다. 한국보건사회연구원이 발표한 2018년 '일 생활 균형을 위한 부부의 시간 배분과 정책과제' 조사 결과 남편보다 아내의 노동 시간(집안일, 자녀 양육)이 더 많은 거로 나왔습니다. 맞벌이 홀벌이 모두 말이죠. 이쯤이 되면, 여자들의 불만으로만 치부할 수 없습니다. 나는 주중엔 집안일, 육아를 전담합니다. 주말에도 내가 정 남편은 부입니다. 맞벌이하는 친구를 봐도 대부분 그렇습니다.

아기가 없을 때는 분담을 하면 그대로 지켜지는 경우가 많고, 지켜지지 않아도 상대방이 할 때까지 기다릴 수 있습니다. 아이를 낳은 후에는 집안일이 쌓여있으면 조급한 마음이 생깁니다. 아기가 잘 때 해야 하는 못 박기, 계단 청소 등의 위험한 것들, 쓰레기 정리, 욕실 청소, 냉장고 정리 등 지저분한 것도 아기가 잘 때 혹은 없을 때 해야 하는 것들이 있습니다. 아이 있을 때 하면 일하는 것보다 아기 케어에 에너지가 더 들어갑니다. 그런데도 남편이 해야 할 일을 아기가 잘 때 하지 않으면 불만이 쌓입니다. 내가 참지 않으면 싸움이 일어난다는 생각으로 싸움보다는 참자는 마음으로 인내했습니다. 지금도 남편의 해야 할 일은 남편의 몫으로 남겨둡니다. 남편의 책임감이 필요할 때입니다.

아이가 커가면서 육아 비율이 달라진 우리 집입니다. 신생아때 육아의 90% 이상을 내가 했다면 지금은 70% 정도입니다. 남편이 일찍 퇴근하면 샤워, 양치시키기, 자기 전 책 읽기 등을 합니다. 소소한 것 하나씩 남편에게 넘깁니다. 하나를 하게 되면 다른 하나를 알려 줍니다. 한꺼번에 너무 많은 걸 주면 버퍼링 걸립니다.

남편이 야근 많은 시즌이면 '내가 선택한 남자가 야근이 많은 직업을 가진 사람이다.'라며 나를 탓합니다. "지금은 되돌릴 수 없다. 가슴 설레는 만남 초창기 때 세팅해야 한다." 남편이 육아 분담을 잘하는 친구에게 비결을 물으니 한 말입니다. 남편이 야근이 없을 때면, 붕붕이와 남편이 만난 초반에 둘만의 시간을 많이 갖게 하지 않았던 과거의 나를 원망합니다. 무엇이든 초반에 세팅을 잘해야 합니다. 육아 분담도 그렇습니다.

😊 당신이 배우자에게 가장 바라는 것은 무엇일까요?

😊 배우자가 했던 약속 중에 지키지 않은 것이 있다면 무엇일까요?

😊 배우자가 고쳤으면 하는 점이 있다면? 만약 있다면 어떻게 의사 표현할 생각인가요?

😊 배우자를 위해 했던 일 중에 스스로 칭찬할 만한 것이 있다면?

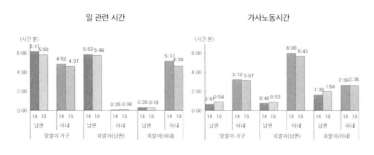

‹ 맞벌이 및 외벌이 가구의 시간사용 ›

다시 태교할 수 있다면

2019년 통계청 생활시간 조사 결과입니다. 2014년과 비교해 볼 수 있습니다. 5년 전보다 남편의 가사 노동시간이 증가하고 아내는 감소하였습니다. 하지만 맞벌이든 외벌이든 모두 아내의 가사노동 시간이 더 많습니다. 아내가 외벌이해도 아내의 가사노동 시간이 더 많습니다. 아이가 태어나면 어떤 식으로 육아와 가사 노동을 나눌지 미리 생각해보세요.

배우자에게 바라는 것, 글로 표현하기

가치관의 차이

"엄마 나가."

세 돌이 된 붕붕이가 토요일 아침에 나에게 한 말입니다. 눈을 뜨자마자 나가라 하자 욱해서 나갔지요. 남편과 다툼이 잦을 때였습니다. 붕붕이가 나에게 나가라고 한 이유는 '엄마가 나가면 아빠는 TV를 보여줘서'입니다. 엄마는 TV를 안 보여주는데, 엄마가 나가면 아빠는 보여주니 나가라고 했습니다. 두 번째 나가라고 했을 때는, 계속 외출하면 문제가 심각해질 것 같아서 안 나가고 아이와 함께 있었습니다. 울면서 나가라는 붕붕, 안 나가겠다는 나.

이날 나는 남편에게 언성을 높였습니다. "당신이 나 없을 때 TV만 보여주니깐 붕붕이가 나에게 나가라고 한다. 나 없을 때 놀아주지 않고 TV만 보여주는 건 방치하는 행위다. 아동학대다."라며 말했습니다.

가족 나들이를 할 때면 남편은 주변을 둘러보라고 말합니다. 아이들이 휴대폰으로 동영상을 본다는 겁니다. 아이들이 조용히 밥 먹으니 좋지 않냐 합니다. 붕붕이도 친구 엄마는 보여주는데, 난 보여주지 않는다고 친구 엄마와 비교합니다. 식사할 때 동영상을 보여주자는 남편과 보여주지 않겠다는 나. 이렇다 보니 외식할 때는 붕붕이 식사는 내 전담이 되었습니다. 그런데도 동영상은 보여주지 않습니다.

부모가 된 부부는 아이에 대한 것을 선택하고, 돌봐야 합니다. 이때 가치관이 비슷하다면 의견 대립할 일이 적습니다. 서로 다르다면 맞춰나가는 게 힘들 수도 있습니다. 특히 교육관이 그렇습니다. 중간치는 찾지 못하더라고 조금씩 맞춰가는 방법은 앞에서 말한 대화를 많이 하는 것입니다. 부부가 되기도 어렵지만, 부모가 되는 것이 더 어렵습니다.

배우자가 자주 하는 말은 어떤 것들인가요? 그런 말을 하는 주된 이유는 무엇이라고 생각하나요?

아이를 키우는 데 있어 배우자와 생각이 다른 부분이 있나요?

자식을 키우는 데 배우자와의 관계에서 중요한 것은 무엇이라고 생각하나요?

아이에게 전하고 싶은 단 하나의 가르침이 있다면 무엇인가요?

알코올중독자, 정신질환자, 범죄자들이 모여 사는 하와이섬에 딸린 카우아이섬에 사는 201명의 아이를 40년간 추적관찰했습니다. 아이들 가운데 3분의 1 정도는 교육성적도 좋고 리더십도 뛰어나서 훌륭한 어른으로 자랐다는 결과가 나왔습니다.

열악한 성장 가정 중에도 훌륭하게 자란 아이들에는 공통점이 있습니다. 그것은 아이들 주변에 최소한 한 명의 어른이 조건 없는 사랑을 베풀어 주었습니다. 누군가 아이를 조건 없이 사랑해 주고 격려해 주는 힘은 역경에 굴복하지 않고, 시련을 이겨내도록 도와주는 면역력을 제공했습니다. 격려는 부모의 당연한 의무이자 위대한 특권입니다. 책『아이의 자존감을 높이는 7단계 대화법』에 나온 내용입니다.

뇌과학자 신석욱 님의 육아에 관한 강의를 들었습니다. 아이의 뇌를 조각하는, 즉 작품을 만드는 것은 '응시'라고 했습니다. 부드럽게 바라봐 주는 것, 아이에게 가장 필요한 거라 했습니다. 임신했을 때 배를 바라보던 눈빛으로 자라나는 아이를 봐주세요. 사랑과 응시가 내 아이의 회복탄력성을 높이는 비법입니다.

다시 태교할 수 있다면

배우자와 가치관이 다르다고 느꼈을 때를 글로 표현하기

다들 아이에게 칭찬하라는 말을 많이 압니다. 칭찬에도 방법이 있다는 건 많은 책과 자료에 나와 있습니다. 여러 자료를 보고 실제 아이들을 만나면서 구체적이고, 과정을 칭찬하기 위해 찾은 몇 가지 팁을 공유합니다. 칭찬을 잘하면 아이 관계뿐 아니라 인간관계도 좋아집니다.

관찰하세요.

칭찬할 때 구체적으로 하라는 말은 이미 알고 있습니다. 아이를 유심히 관찰하면 칭찬하는 이유를 찾을 수 있습니다. 나는 놀이를 하다 붕붕이가 새로운 방법을 찾거나, 전에 하지 못했던 행동을 해낼 때 피드백을 합니다. 어린이집 선생님이 말하길 붕붕이는 활동을 하면 처음에는 선생님을 모방한 후, 자신만의 방법을 찾아 놀이한다고 합니다.

32개월 붕붕이는 자기가 새로운 방법을 찾았다고 엄마에게 말합니다. 이 말은 엄마에게 칭찬해달라는 의도가 숨어있는 거지요. 아이가 양육자에게 칭찬을 바라는 때도 있습니다. 양육자의 관찰력이 좋아야 결과보다는 과정을 칭찬할 수 있습니다.

형용사, 부사를 적절히 활용하세요.

나는 칭찬을 하거나 아이의 행동을 교정해야 할 때 "예쁘게"라는 말을 하지 않습니다. 예쁘다는 기준은 사람마다 다르기 때문이죠. 사람마다 예쁘다고 느끼는 꽃이 다르고, 아이돌, 걸그룹 중에서 멋지고, 예쁘다고 느끼는 멤버가 다릅니다. 조부모님 중에는 아이가 돌아다니면서 밥 먹는 모습이 건강한 느낌을 줘 예쁘게 보시는 분도 있습니다. 몸이 불편한 자녀를 둔 부모 눈에도 달려가는 아이가 예뻐 보일 수 있습니다. "예쁘다", "안 예쁘다"에는 정답이 없지만, "바르게"는 정답이 있습니다. 전 식사 시간에 "바르게 앉아라."라고 말합니다.

충분한 시간이 있을 때 칭찬하세요.

붕붕이 친구가 우리 집에 놀러 왔을 때입니다. 붕붕이, 붕붕이 친구, 친구 엄마는 방에 있고 나는 거실에 있었습니다. 붕붕이가 블록을 길게 쌓았다고 엄마에게 보여준다고 달려올 때, 친구 엄마가 붕붕이에게 블록을 멋지게 쌓았다고 칭찬했습니다. 붕붕이는 엄마에게 달려오느라 칭찬을 들을 새가 없었지요. 이런 칭찬은 효과가 크지 않습니다. 아이가 칭찬을 즐길 충분한 시간을 주세요.

칭찬 예시

"이번에는 블록을 5개 쌓았네, 저번보다 더 높다. 튼튼해졌네."

"붕붕이가 빠방이를 친구와 나눠서 가지고 노네. 정말 멋지다."

"우와~ 붕붕이가 맘마 다 먹을 때까지 자리에 앉아있었네. 앉아서
맘마 먹으니깐 엄마 기분이 좋다."

"새로운 방법을 찾았네."(하이파이브 하기)

"엄마는 못 봤는데, 붕붕이는 봤네. 잘 찾았네."

"붕붕이가 찾았어? 작은 걸 어떻게 봤데. 엄마는 못 봤어."

"어려운 건데 연습 여러 번 하니 성공했네. 멋진 녀석!"

실제 육아 시 예상되는 어려움은 어떤 걸까요? 써보세요. 써보면, 대처법도 찾을 수 있을 겁니다. 당신이 대처하기 어려운 일이라면 주변 누구에게 도움을 청하면 될까요? 어떤 시설을 이용하면 될까요?

- 아기를 안다가 떨어뜨릴까 봐 걱정이다.
- 혼자 목욕시킬 일이 걱정이다.
- 양치 방법을 몰라 걱정이다.
- 아기가 까다로운 아기일까 우려된다.
- 아기가 어떤 모습으로 웃을지 보고 싶다.
- 좋은 육아용품 고르기가 어렵다.
- 아기에게 아토피 생길까 걱정이다.
- 좋은 어린이집 찾는 방법 알고 싶다.

– 아기가 낮과 밤이 바뀔까 염려된다.

– 아기가 아프면 누구에게 도움을 요청해야 할까?

– 소아청소년과를 어디로 다녀야 할까?

– 육아 스트레스를 누구와 공유해야 할까?

육아 시 예상되는 어려움을 찾아보세요

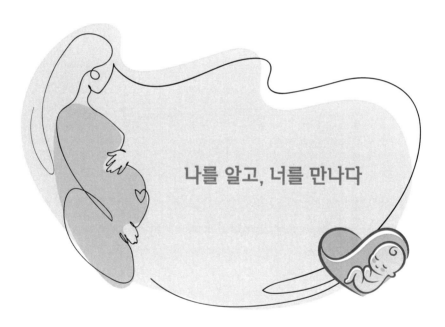

Chapter **4**

나를 알고, 너를 만나다

임신& 육아를 하면서 나라는 사람에 대해 생각을 많이 하게 되었습니다. 아이에 관한 생각보다 나에 대해서 더 할 때도 있지요. '난 어떨 때 아이에게 화를 내는가?'는 내 화두입니다. 아이와 잘 지내다가도 가끔 욱할 때가 있습니다. 내 안의 어른아이가 나온 때입니다. 이 어른아이가 나온 원인을 파악하면 부모와의 관게나 어릴 때 행동과 관련이 깊었습니다.

붕붕이는 자려고 누우면 한참을 뒹굴뒹굴한 후에 잠이 듭니다. 성장할수록 누워 노는 시간이 길어집니다. 졸려도 더 놀고 싶어 합니다. 이때가 내가 버럭 하는 순간입니다. 왜 그럴까 곰곰이 생각해보면 전 어릴 때 누우면 바로 잤습니다. 초등학교 시절 '질투'라는 드라마가 유행했습니다. 이 드라마를 보지 않고 학교에 가면 아이들과 대화가 되지 않을 정도였습니다. 엄

다시 태교할 수 있다면

마를 졸라 10시에 시작하는 드라마 보는 걸 허락받은 첫날. '질투'가 방영한다는 안내가 나오고, 광고 시간에 잠이 들었습니다. 5분만 기다리면 볼 수 있는데 말이죠. 다음 날부터 본방송은 포기하고 주말에 재방송을 봤습니다. 하고 싶은 것을 할 기회를 얻었어도, 잠을 참지 못한 나였습니다. 이런 나를 기억해서인지, 졸려도 자지 않는 붕붕이를 볼 때 화가 납니다.

아이에게 화를 내지 말라는 말이 절대 아닙니다. 내가 화가 난 이유를 찾는다면 아이에게 조금 더 부드럽게 말할 수 있습니다. 욱하는 게 아니고, 너의 이런저런 행동이나 말이 엄마, 아빠는 화가 난다고 이야기하세요. 이렇게 말하면 아이도 부모가 화내는 이유를 인지합니다. 소리를 지르는 것보다 아이 행동 수정에 효과적입니다.

내 기분을 좋게 하는 것

- 커피숍에서 혼자 놀기
- 집에서 미드 몰아보기
- 맛난 음식 먹기
- 조깅 후 씻는 순간
- 붕붕이의 까르르 웃는 소리
- 평소보다 많은 블로그 방문자 수
- 친구와의 수다

내 기분을 좋게 하는 것들이고, 스트레스받을 때 해결 방법 이기도 합니다. 결혼하고 시댁과의 스트레스는 내 예상 보다 더 심했습니다. 자주 만나지 않음에도 그랬습니다. 결혼 전 에는 사람들이 시부모님을 마주치는 것만으로 힘들다는 말에 공 감하지 못했습니다. 내 남편의 부모님인데 어떻게 그럴 수 있지? 너무한다는 생각까지 했었습니다. 막상 내가 결혼을 하니 이해되었습니다. 전혀 모르던 사람들과 갑자기 가족이 되었고, 명절을 함께 보내고, 일상을 공유해야 하고, 좋은 일 나쁜 일을 나눠야 합니다. 평가받는 느낌은 덤입니다. 나는 서울에서 살고, 시댁은 완도여서 일 년에 두세 번 보는데도 그렇습니다. 가까이 사는 사람들은 어떨지 상상하지 않으렵니다.

시댁 스트레스를 내 예상보다 스무 배 더 받았다면, 육아 스트레스는 백 배 정도 더 받았습니다. 생각보다 힘들 거라는 말을 들었지만, 이 정도일 줄은 몰랐습니다. 내 시간과 내 몸인데 마음대로 할 수 없는 게 가장 힘들었습니다. 아기와는 대화가 통하지 않았고, 내 말을 들어주지 않았습니다. 자신의 안위가 최우선이고 다른 건 신경을 쓰지 않는 사람과 24시간을 함께하는 게 육아입니다. 몸이 힘든 건 시간이 지나면서 조금씩 해결되지만, 마음은 시간을 따로 갖지 않으면 해결되지 않았습니다.

우리 부부는 아이에게 남편과 나 둘 다 묶여 쉬지 못하는 것보다 혼자 육아를 하고, 돌아가며 쉬는 방법을 택했습니다. 남편은 주말 오전에 쉬었고, 나는 토요일 오후에 쉬었습니다. 나만의 시간을 가지면서 지친 마음을 다독다독 할 수 있었습니다. 혼자만의 시간이 나에겐 휴식이 되었고, 남편에게는 아이의 변화와 혼자 육아가 얼마나 힘든지 아는 시간이 되었습니다.

자신이 무엇을 좋아하는지 알고 살아가면 이점이 많습니다. 스트레스 받을 때 빠르게 회복할 수 있습니다. 상상만으로 기분이 좋아집니다. 행동할 계획을 세우면서 컨디션이 좋아질 수도 있습니다. 당신 자신만을 위한 시간을 가져보세요. 태교에도 좋고, 육아 때도 좋습니다.

당신은 누구인가요?

인생에서 나침반과 같은 역할을 하는 것이 있다면 무엇인가요?

현재 당신의 삶에서 감사한 것 3가지를 꼽아본다면?

지금까지 인생에서 최고의 선택은 무엇인가요?

어려움은 공유하는 게 부부 관계에 좋습니다. 육아가 아내 혹은 남편, 혼자만의 문제라 생각하면 두 사람의 관계가 좋아질 수가 없습니다. 공감대를 형성하기 위해 주양육자가 아닌 부모가 혼자 육아하는 시간을 가져보세요. 이때 주양육자는 상대방의 육아 방식에 참견하면 안 됩니다. 처음 TV를 본 날, 초콜릿과 탄산음료를 처음 맛본 날, 햄버거와 사랑에 빠진 날 등 내가 좋아하지 않는 행동을 붕붕이는 남편과 둘이 있을 때 했습니다. 이런 일들이 붕붕이에게는 아빠와의 추억으로 남겠죠. 꼭 바뀌었으면 하는 부분이 있다면, 따로 날 잡아 이야기를 나눠보세요.

내 기분을 좋게 하는 것들 적어보기

다시 태교할 수 있다면

내가 가진 좋은 점들

올해는 행복해지고 싶어 자기계발을 시작한 지 꼭 10년째 되는 해입니다. 10년이면 강산이 변한다 했는데, 10년이면 사람도 변하더라고요. 10년 동안 내가 되고 싶던 사람으로 조금씩 닮아가는 나를 봅니다.

"뜬금 질문. 나의 장점이 뭐가 있을까요?"라고 주변 사람들에게 물어보았습니다. 평소 내가 생각하던 것과 같은 게 있었고, 생각지도 못했던 부분도 나왔습니다. 가족과 친구들은 꼼꼼함, 긍정적 사고, 끈기, 관찰력, 포기하지 않는 그릿, 친화력, 스스로 돌아보는 성찰 능력 등 내 개인에 대한 능력 및 장점을 이야기해 주었습니다. 한때 별명이 투덜이 스머프였던 나에게 '긍정적 사고'라고 5명 중 2명이 답했습니다. 긍정적인 사고를 갖고 싶었던 나였기에 이 답은 내 긍정성을 더 높여주었습니다.

육아하면서 관찰력은 더 좋아졌습니다. 말이 서툰 붕붕이와 소통하기 위해서는 붕붕이에게 필요한 것을 내가 찾아야 했습니다. 울음으로 의사소통하던 신생아기를 지나 이제는 4살이 된 붕붕입니다. 물을 달라는 말은 기본이 되었고, 동그란 컵을 원한다거나, 컵을 지정합니다.

아기의 말을 잘 들어주고, 부지런하다, 붕붕이 눈높이에서 붕붕이를 대한다 등. 붕붕이를 통해 알게 된 지인들이 꼽아준 내 장점입니다. 차이가 보이나요? 나부터 알게 된 사람들은 나의 장점을 말해주었고, 붕붕이를 통해 알게 된 사람들은 붕붕이와 나와의 관계에서의 장점을 말해 주었습니다. 똑같은 질문에 다른 관점으로 대답했습니다. 인간 신농부와 엄마 신농부에 대한 장점이 달랐습니다.

산후우울감은 산모 대부분이 느끼는 감정입니다. 그 감정을 인정하고 해소할 방법을 찾기 바랍니다. '내가 참 괜찮은 사람이구나.' 나에게 장점이 많다고 하면서 말이죠. 당신의 장점을 적어보세요. 장점을 생각해서 적는 것도 좋고, 주변에 도움을 요청해도 좋습니다. 다만 장점을 물었는데, 개선점을 말해 줄 것 같은 지인에게는 물어보지 마세요. 힘들 때 지금 써 놓은 글을 보면 도움이 될 겁니다.

당신이 과거에 잘했던 일은 무엇인가요?

당신이 가진 여러 능력 중에서 가장 괜찮은 것 3가지는 무엇인가요?

사람들이 당신에 대해 하는 말 중 가장 많이 말하는 장점은
무엇인가요?

사람들이 잘 모르지만, 알리고 싶은 당신의 모습이 있다면
어떤 건가요?

출산 후 85%가량이 일시적으로 우울감을 경험합니다. 이중 치료해야 하는 경우는 15% 내외라고 전문가들이 말합니다. 이 중 실제 치료를 하는 사람은 1% 미만입니다. 나도 아이를 낳고 우울감을 느꼈고, 짜증도 늘었습니다. 아무것도 못 하고 집에

만 있어야 하는 내가 싫었습니다. 사회적으로 일을 하는 것도 아니었고, 돌아갈 일자리가 없었습니다.

처음 접하는 육아가 내가 해야 할 일이었기에 막막했습니다. 조리원 동기를 만나 대화를 나누면 좋아졌습니다. 나중에 친구에게 이 이야기를 하니, 나처럼 자아가 강한 사람도 우울해져 놀랐다고 했습니다. 당시 친구 주변에는 심한 산후우울증을 호소하는 사람이 있었지만, 나는 산후우울증이 없을 거라 믿었답니다.

산후 우울증은 대부분 주양육자가 느낍니다. 웹툰『닥터앤닥터 육아일기』를 보면 주양육자가 아빠임에도 육아우울증을 느꼈다고 했습니다. 몸도 아프고요.

복지부가 운영하는 '산모신생아관리지원사업'은 산모 관리사가 가정을 방문해 산모의 신체, 정신적 건강 상태를 지원하는 제도가 있습니다. 기준중위소득 80% 이하 가정이 혜택을 받을 수 있습니다. 지역 보건소에 문의하면 정확히 알 수 있습니다.

서울시에서는 '서울아기건강첫걸음사업'이라고 보건소에서 간호사가 가정에 방문해 산후우울증과 아이의 발달 단계 측정 및 육아 상담을 해 주는 서비스가 있습니다. 전 출생 신고할 때 서울시 사업을 신청해 간호사가 집으로 왔습니다. 울음이 아닌 대화가 통하는 사람과 이야기해서 좋았습니다. 평소 궁금한 것을 적어 상담하서도 좋습니다. 기본적으로 한 번 방문지만, 이상 징후가 보이면 다시 방문합니다. 개인적으로 신생아 시절에는 한 번이 아니고 여러 번 왔으면 좋겠다 할 정도로 만족도가 높았습니다.

내가 가진 좋은 점들 적어보기

다시 태교할 수 있다면

나를 욱하게 하는 것들

나는 그저 이런 생각으로 산다. 가능한 한 남에게 폐나 끼치지 말자. 그런 한도 내에서 한 번 사는 인생 하고 싶은 것 하며 최대한 자유롭고 행복하게 살자. 인생을 즐기되, 이왕이면 내가 할 수 있는 범위 내에서 남에게도 좀 잘해주자. 큰 희생까지는 못 하겠고 여력이 있다면 말이다. 굳이 남에게 못되게 굴 필요 있나.

문유석 작가의 책 『개인주의자 선언』에 나오는 글이다.

나도 이렇게 살고 싶습니다. 아이를 키우다 보면 이렇게 살기가 어렵습니다. 내가 하고 싶은 것을 못 하고, 먹고 싶은 걸 먹지 못하고 만나고 싶은 사람을 만나지 못합니다. 더 행복해지기 위해서 아이를 낳았는데, 아이가 나를 행복하게 해주는 게 맞는지 의문이 드는 순간들이 있습니다. 이런 생각이 들 때 산

후·육아 우울증이 오는 듯합니다.

나는 개인 영역을 침범당하는 것을 싫어합니다. 시간, 공간, 물건 등을 내 것으로 생각했는데 다른 사람이 말없이 선을 넘으면 욱합니다. 성인에게는 선을 넘었다고 나가 달라고 하면 되지만 아기에게는 되지 않습니다. 이해시키는 시간도 오래 걸립니다. 아이에게 엄마 거라고 이해를 시키고 나면 엄마 것을 하고 싶다고 합니다. 나만의 것이 점점 없어집니다.

사주를 본 적이 있는데, 내 주변에는 좋은 사람이 많다고 했습니다. 내가 좋은 사람이라서 많은 게 아니고, 나는 나에게 잘해주는 사람에게만 잘한답니다. 나한테 못 해주는 사람하고는 놀지 않는다고요. 아기는 나에게 먼저 잘해주지 않습니다. 아기는 내가 잘해주어도 반대로 할 때도 많습니다. 내가 100을 했을 때 100이 돌아오지 않습니다. 50만 돌아와도 다행입니다. 당신이 당신 부모님에게 했던 것을 생각해보시면 빠르게 이해될 겁니다.

부모님에게 해준 게 뭐가 있냐고 한 번쯤 투정을 부렸을 겁니다. 나도 했습니다. 아이를 키우고 보니 해주신 게 너무 많습니다. 태어나게 해주셨고, 길러주셨고, 먹여주셨고, 똥오줌을 받아주셨습니다. 붕붕이를 키우면서 나도 저랬냐고 엄마에게 자주 물어봅니다. 그럴 때마다 엄마께 감사하다는 생각이 듭니다.

🌢 당신은 주로 무엇에 화가 나나요?

....

....

🌢 일상에서 가장 많이 느끼는 감정 상태는 무엇인가요?

....

....

🌢 "no"라고 하고 싶은데 그러지 못하고 있는 것은 무엇인가요?

....

....

🌢 당신의 에너지를 불필요하게 소진하는 것은 무엇인가요?

....

....

'부모가 단점 약점을 들킨다고 아이가 자신을 무시할 거라고 불안해하지 말아라. 강한 척 센 척하는 부모보다 불안과 불안정함을 딛고 노력하는 어른 사람인 부모 모습을 보고 싶어 한다. 그런 모습이 부모가 해야 할 일이다.'라고 하지현 작가의 책 『엄마의 빈틈이 아이를 키운다』에서는 말합니다.

붕붕이는 내가 못 하는 게 있으면 아빠를 찾습니다. 아빠는 장난감도 고쳐주고, 찢어진 책도 붙여주고, 높은 곳에 있는 물건도 잘 꺼내는 사람입니다. 아빠가 하지 않은 일도 있지만, 붕붕에게는 아빠가 해주었다고 말했습니다.

아빠와 함께하는 시간이 많지 않아 붕붕에게 아빠의 장점을 각인시키며, 엄마인 내가 못 하는 것도 있다는 것을 알게 했습니다. 부모는 만능이 될 수 없습니다. 내가 잘못한 것은 미안하다 하고, 잘못했다 말합니다. 화가 나면 화가 났다고 말합니다.

나는 우유를 쏟는 게 싫습니다. 물은 걸레로 닦으면 냄새가 나지 않지만, 우유는 그렇지 않습니다. 우유로 장난치면 "붕붕이가 우유 쏟으면 엄마는 화날 것 같아."라고 경고합니다. 그러면 붕붕이는 우유를 가지고 장난치는 것을 멈추는 경우가 많습니다. 당신이 아이에게 화나는 부분, 원하는 것이 있다면 아이에게 요구하세요. 단, 아이가 받아들일 수 있는 수준의 어휘로 말하세요.

내가 화났을 때 했던 행동들, 글로 표현하기

힘들 때 나만의 대처법

잠 또는 여행. 과거 나의 스트레스 해소법입니다. 시간 여유가 없을 때 최고의 회복법은 잠이었습니다. 직면해 있는 문제로부터 가장 빨리 벗어나려는 방법이기도 했고요. 자고 일어나면 몸이 회복되어 생각이 쉬워졌고, 집중력도 좋아졌습니다. 잘 때만큼은 먹는 것도 잊었습니다. 결혼 후에는 영화 보기가 되었습니다. 영화를 좋아하는 남편과 거실에 앉아 도란도란 대화를 나누는 시간이 좋아졌습니다. 아이를 낳은 후에는 집에서 혼자 있는 시간이 가장 좋습니다.

"당신 주말에 언제 쉴래?"
"난 오전에 늦잠 자는 게 좋지."
"그럼 난 토요일 오후에 쉬는 걸로."

다시 태교할 수 있다면

남편과 쉬는 시간을 합의했습니다. 나는 한 달에 한 번 토요일 오후에 모임이 있어서 토요일 오후로 쉬기로 했습니다. 잠을 좋아하는 남편은 주말 오전을 택했습니다. 주말 오전 특별한 일이 없으면 11시까지 남편을 깨우지 않습니다. 11시도 남편과 내가 합의한 시간입니다. 나는 처음 자유 시간에는 매주 나갔습니다. 친구나 언니를 만났고, 카페에서 혼자 놀기도 했습니다. 석 달을 이렇게 하니 밖에 나가기가 싫어졌습니다. 그때부터 남편에게 나가달라고 요청했습니다.

내향적인 남편은 아이를 데리고 나가기를 힘들어했지만, 나도 집에서 쉬고 싶다고 나가 달라고 요청했습니다. 남편이 가는 곳은 고궁이나 마트입니다. 주말 음식 준비할 때도 필요한 재료가 있으면 남편과 붕붕이는 함께 마트에 갑니다. 붕붕이는 나가서 좋고, 나는 붕붕이 방해 없이 음식 준비를 해서 좋고, 남편은 제시간에 식사해서 좋습니다.

붕붕이 친구네는 토요일에는 아빠가, 일요일에는 엄마가 늦잠 자는 날이라 합니다. 모든 시간을 엄마 아빠가 아이와 함께한다면 부모가 힘듭니다. 난 남편에게 내가 먼저 언제 쉰다고 말하지 않았습니다. 먼저, 언제 쉴 것인지 물었습니다. 선택권을 먼저 준다면 그걸 실천할 확률이 높습니다. 아기, 남편 똑같습니다.

몸과 마음이 힘들 때 무엇을 하면 마음이 편해지시나요? 혼자 보낼 때는요? 다른 사람들과 함께일 때는요? 육아하다 보면 혼자만의 시간이 많지 않습니다. 자신이 무엇을 좋아하는지 알고 당신만의 회복법을 찾기 바랍니다.

🕐 살면서 가장 행복했던 날이 언제였나요?

- -

- -

🕐 지금까지도 기억에 남는 당신을 인정해주는 말은 무엇인가요?

- -

- -

🕐 당신이 자신에게 주고 싶은 최고의 선물은 무엇인가요?

- -

- -

🕐 컨디션을 회복하고 에너지를 충전하는 당신만의 방법은 무엇인가요?

- -

- -

책 『서번트 리더십』에서 리더십을 '공동의 이익을 위해 설정된 목표를 향해 매진할 수 있도록 사람들에게 영향력을 발휘하는 기술'이라고 정의합니다. 또 책에서는 리더십에 관련해서 생각해볼 질문 세 가지를 했습니다.

'리더십이 타인에게 영향력을 발휘하는 것이라면, 그 영향력을 어떤 방식으로 제고해야 할까요?'

'어떻게 하면 사람들이 우리의 의지대로 움직이도록 할 수 있을까요?'

'어떻게 하면 그들의 자발적인 기여, 즉 그들의 아이디어와 헌신, 창의성, 우수한 역량을 확보할 수 있을까요?'

한 인격체를 성장시켜 자립시키는 육아야말로 리더십이 발휘되어야 합니다. 리더십을 제대로 발휘하기 위해서는 리더의 내적, 외적 건강이 중요합니다. 리더가 건강해야 팔로워가 건강합니다.

위의 질문을 보고 육아에 맞게 질문을 바꿔 보았습니다.

'아이에게 부모의 영향력을 어떤 방식으로 높여야 할까요?'

'어떻게 하면 아이가 부모의 의지대로 움직이도록 할 수 있을까요?'

'어떻게 하면 아이들의 자발적인 기여, 자신의 아이디어와 헌신, 창의성, 우수한 역량을 확보할 수 있을까요?'

내가 화가 나는 순간들 적어보기

다시 태교할 수 있다면

내 아이를 사랑하는 법

중·고 학생들을 많이 만났습니다. '이 아이는 사랑받고 자란 아이구나'라는 느낌을 주는 아이들이 있습니다. 다른 사람을 배려하고, 밝은 표정, 자신의 감정을 표현하는 게 편합니다. 앞에 나와 발표하는 모습도 당당합니다. 임신 중에 '어떻게 하면 붕붕이를 그런 아이로 키울 수 있을까?'라는 생각을 많이 했습니다.

애착, 안정된 애착이 중요하다는 건 모두 압니다. 아이의 성장 발달과 놀이법을 알려주는 '차이의 놀이'에서는 아이가 안정된 애착을 보이는 부모의 특징 한 가지를 일관성에서 찾았습니다. 버럭 화내고 잘해주고 다시 화내고 잘해주고를 반복하는 부모가 아닌, 힘들 때가 많지만, 승화시키고 이겨내는 부모. 밝게 웃으며 잘해주는 부모. 화를 내지 말라는 소리가 아닙니다.

부모도 사람인데 화가 납니다. 화를 내는 방법이 중요합니다. 화도 아이가 알아야 하는 하나의 감정입니다.

아이를 키우다 보면 혼내야 하는 순간이 옵니다. 화가 났는데도 참으면 자신도 모르는 어느 순간에 폭발합니다. 폭발하지 않기 위해 화가 났을 때 바로 표현해야 합니다.

나는 화나면 우선 아이에게 엄마가 화가 났다고, 진정할 시간이 필요하다고 말합니다. 그럼 아이는 나에게 와서 안깁니다. 엄마에게 버림받을 수 있다고 생각할지도 모르죠. 이럴 때 밀치지 말고 안아주세요. 그리고는 "엄마가 화가 나서 진정할 시간이 필요해, 기다려줘."라고 말합니다. 처음에는 겁내고 울었는데, 이제는 나를 꼭 안고 기다립니다.

붕붕이가 울 때도 이렇게 합니다. 붕붕이가 심하게 울면 전 우선 안고, 등을 토닥여 줍니다. 그런 후 진정되었는지 물어봅니다. 붕붕이는 "다 안 울었어.", "안 진정됐어."라고 말하기도 합니다. 그러면 더 안아줍니다. 시간이 지나 안정이 되면 "다 울었어.", 혹은 "진정됐어."라고 말합니다. 네 돌이 지난 후부터는 울음을 그치고 진정되면 안아줍니다.

어린이집 선생님을 10년을 한 엄마도 나와 비슷한 생각입니다. 유아도 사랑받고 자란 아이는 티가 난다고요. 자신의 아이

다시 태교할 수 있다면

도 사랑받은 아이로 키우고 싶다고 했습니다. 당신 아이를 어떤 아이로 키우고 싶나요? 당신의 아이는 어떻게 해야 사랑받았다는 것을 느낄 수 있을까요? 당신은 당신의 부모님이 어떻게 행동했을 때 당신은 사랑받는다고 느꼈나요?

당신은 주로 무엇에 감동하나요?

당신은 다른 사람들에게 어떤 사람으로 기억되길 원하나요?

살면서 큰 힘이 되어주는 사람이 있다면 누구인가요?

당신의 삶을 지탱하는 가장 근원적인 에너지원은 무엇이라고 생각하나요?

- 감정코치형 부모의 특징

1. 아이의 감정은 다 받아주되 행동에는 제한을 둔다.
2. 감정에는 좋고 나쁜 것이 있다고 나누지 않고, 삶의 자연스러운 일부로 다 받아들인다.
3. 아이의 감정을 표현할 때 인내심을 갖고 기다려 준다.
4. 아이의 감정을 존중한다.
5. 아이의 작은 감정 변화도 놓치지 않는다.
6. 아이와의 정서적 교감을 중요하게 여긴다.
7. 아이의 독립성을 존중하며 스스로 해결 방법을 찾도록 한다.

『내 아이를 위한 감정코칭』책에 나와 있는 내용입니다. 아래는 위의 특징을 내가 이해 혹은 행동하는 방법을 영아에 맞추어 바꿔봤습니다.

1. 아이가 울면 안아줍니다. 위험한 행동이나 다른 사람에게 피해 주는 행동은 제지하세요.
2. 아이가 넘어지면 "아파?" 친구가 장난감을 뺏어가면 "화나?" 짜증이 나? 맛있는 간식을 받으면 "기분 좋아?" 등 아이에게 감정을 말로 표현해 주세요.
3. 아이가 진정될 때까지 안아줍니다. 안아주고 또 안아줍니다. 이게 어렵습니다.
4. 아무리 어린아이라도 감정이 있습니다. 아이도 하나의 인

격체임을 인식하세요. 느끼지만 표현을 못 할 뿐입니다.

5. 아이의 표정을 관찰하세요. 어려우면 어렵다고 말하고, 말 혹은 행동으로 표현하라고 아이에게 요청하세요.

6. 아이가 슬퍼하면 안아주고, 기뻐하면 같이 기뻐하고, 신나면 같이 신나는 반응을 해주세요.

7. 하기 싫거나 무섭다는 걸 엄마의 의지대로 시키지 마세요. 아기가 할 용기가 생길 때까지 기다려주세요. "이건 어려운 거니 엄마가 옆에서 도와줄게, 혼자 할 수 있을 때 해봐."라고 말하면 자신이 생기면 혼자서 해냅니다. 무서운 구름다리, 킥보드로 내리막길 가는 것도 붕붕이에게 강제로 시키지 않았어도 지금 잘합니다.

나만의 스트레스 해소법 적어보기

다시 태교할 수 있다면

나의 한계점은?

육아 하는 부모들에게 가장 필요한 게 무엇인지 물어보면 하나 같이 하는 말이 있습니다. 인내심. 돌 전에는 아이와 대화가 되지 않아 기다려야 하고, 아이가 크면 자기 의지가 생겨 부모의 의견을 들어주지 않아 필요합니다. 아이가 스스로 뭘 하려고 하면 그것 또한 기다리는 시간이 필요합니다. 내가 하면 3분에 끝날 일을 아이는 30분 이상 할 때도 있습니다.

간혹 붕붕이는 잠을 덜 자거나, 깼는데 내가 옆에 누워있지 않으면 한 시간 가까이 울었습니다. 책『모신』에서는 아기의 정신이 돌아오지 않았다고 표현했습니다. 정신이 돌아오지 않고 육체가 깨는 그때 붕붕이는 심하게 울었습니다. 내가 가서 안아주면 밀어내고, 밀면 안아달라는 듯 팔을 내밀며 울었습니다. 시간이 지나면 평온하게 다시 잠들었습니다. '아이의 울음에 시간이 약'이라는 말에 이때 공감했습니다.

뇌가 발달하고 자신의 의견이 생긴 후로는 붕붕이 마음대로 하고 싶은 게 많아졌습니다. 음식 메뉴, 하원 후 놀러 가는 장소, 주말에 시간 보낼 곳 등. 아이의 결정대로 하지 않으면 떼를 부리기도 했습니다. 아이에게 의견을 묻고, 행하는 이유는 아이를 기르기 전에는 몰랐습니다. 부모 마음대로 아이의 모든 것을 결정할 수 있을 거로 생각했습니다. 물론 할 수는 있지만, 아이와 힘겨루기를 해야 하고, 그럼 서로 힘들어지기 때문에 아이와 상의하고 설득합니다. 안전하지 않거나, 다른 사람에게 피해 주는 행동은 못 하게 해야 합니다. 이때 양육자의 단호함이 필요합니다.

'아이도 사람이니 인격체로 대하자는 마음'과 '네가 아직 어리니 엄마가 좋은 방향으로 알려주는 건데 반항하네.'라는 두 가지 마음이 생깁니다. 이 두 마음 사이의 갈피를 잡기가 어려울 때가 많습니다. 아이와의 관계는 순간적으로 결정해야 해서 더욱더 그렇습니다. '욱하지 않고 차분히 설명해주기'는 아기와의 상호작용에 좋습니다.

아이는 초두효과가 강합니다. 처음에 용인된 경우는 다음에도 허락된다고 생각합니다. 그 행동을 수정하기 위한 설득 과정이 힘듭니다. 아이가 처음 겪은 일은 천천히 자세히 설명해

주세요. 아이에게 지금 10분을 투자하면 내 한 시간을 절약할 일이 생깁니다.

혹 당신 아이에게 버럭 한다면, 당신 마음이 심란해서인지 아이의 잘못인지를 살펴보세요. 내가 힘들 때 화를 많이 내더라고요. 아기 때문에 힘든 거라면, 마음을 다스리기 위해 인내심이 필요합니다.

💧 당신이 온전히 집중하고 싶은 것은 무엇인가요?

_____

_____

💧 인생 최고의 성공 경험은 무엇인가요?

_____

_____

💧 삶이 당신에게 가르쳐 준 최고의 지혜는 무엇인가요?

_____

_____

💧 24시간 근무할 준비가 되어 있는가?

_____

_____

현명한 부모가 되는 최선의 길은 첫째, 자녀의 말을 끝까지 들어주는 것이다. 그리고 둘째는 아이들이 옳지 않은 일을 했을 때 아무 일도 없었던 것처럼 평범한 태도로 그냥 그 일을 흘려보내는 것이다.

자녀가 잘못했을 때 부모가 꾸짖거나 매를 때리지 않으면 아이의 괴로움은 배로 증가한다. 그러면 아이의 옳지 않은 행동은 자연스럽게 교정된다. 배로 증가한 고통을 겪는 것이 너무 힘들기 때문에 그러한 고통을 만들어 내는 옳지 않은 행동을 하지 않게 된다. 단번에 하지 않는 것은 아니다. 점차 하지 않게 된다. 그 이유는 같은 잘못을 계속 저지르면서 부모가 잔소리를 하나 안 하나를 실험한 다음에 부모가 끝까지 잔소리를 하지 않고 참고 있으면 그때 가서 하던 잘못을 그만둔다.

책『모신』중 일부분입니다. 어린아이에게는 잘못된 행동인지 아닌지를 부모가 알려줘야 합니다.

내가 참을성이 가장 좋았던 때를 글로 표현하기

나 자신 사랑하기

붕붕이와 나 둘 다 아파 병원에 갔습니다. 접수 명단에 내 이름을 먼저 적었습니다. 평소에는 붕붕이를 먼저 적고 내 이름을 나중에 적는데, 그날은 달랐습니다. 왜 그랬을까? 다른 날과 크게 다르지 않은 평범한 날이라 생각했는데, 시간이 지난 후에 알게 되었습니다. 붕붕이 엄마가 아닌 나에 대한 글을 쓸 계획을 세운 날이었습니다. 지금 쓰고 있는 이 글이요. 나에 대해 생각을 많이 한 날이라 무의식이 나를 우선순위 상위에 두었습니다.

지인 중에 중학생 아들이 있는 워킹맘이 있습니다. 전업주부 친구를 만나면 자식의 삶에 맞춰 지내는 친구들이 대부분이라 전합니다. 아이들 어린이집이나 학교에 가면 TV를 보면서 집안일하고 아이들 시간에 맞춰 픽업을 한다고요. 자신이 누구인지 무엇을 잘할 수 있는지 모르고 누군가의 엄마로만 남아 있지요. 학교 다닐 때 공부 잘했던 친구들도 그렇답니다. 공부가 세상의 기준이 되지는 않지만 명석한 머리로 자신이 할 일을 찾지 않고 있답니다. 취미도 배우는 것도 없이 어제와 같은 오늘을 보내는 투덜이로 변해있는 친구를 볼 때면 학창 시절과 달라 너무 놀란다고 지인은 말합니다.

소통하는 엄마들의 휴대폰 번호를 주소록에 저장할 때 아이와 엄마 이름을 함께 적습니다. 부를 때는 엄마의 이름으로 부르려고 노력합니다. 가끔 자기 이름을 몇 년 만에 듣는다는 사람도 있습니다. 아이와 함께 만나는 엄마들은 내 이름이 아닌 붕붕이 이름으로 절 부릅니다. 누군가의 아내, 누군가의 엄마이기 이전에 내가 살아온 세계와 시간이 있고 앞으로도 그럴 겁니다. 나는 나 자신으로 기억되고 싶습니다.

사람들은 아이가 커가면서 엄마에게서 독립한다고들 합니다. 과연 그럴까요? 나는 그렇게 생각하지 않습니다. 아이는 태어난 순간부터 독립된 인격체입니다. 다만, 표현하지 못할 뿐입니다. 혼자 못하는 게 많고, 옳고 그름의 판단이 미흡해 보호자가 필요합니다. 아이도 자유 의지가 있습니다. 아이를 대신하거나 아이의 모든 것이 되려고 하지 마세요. 아기가 태어나기 이전의 당신이 있었습니다. 지금의 당신도 있습니다. 당신 그리고 당신 아이를 위해서 당신의 삶을 살기 바랍니다. 그런 모습을 당신의 아이도 압니다.

　　 당신이 가장 당신답다고 느낄 때는 언제인가요?

- -

- -

　　 당신이 진짜 호기심을 느끼는 것은 무엇인가요?

- -

- -

　　 아직 누구에게도 말하지 않은 꿈이나 소망이 있다면 무엇인가요?

- -

- -

　　 지금까지의 당신의 인생에서 3대 뉴스를 꼽으면 무엇인가요?

- -

- -

그레첸 루빈 작가는 1년 동안 자신이 행한 행복 프로젝트를 책『무조건 행복할 것』에 엮었습니다.

- 무엇이 당신을 기분 좋게 하는가? 어떤 활동이 즐겁고 만족스러우며, 활력을 불어넣어 주는가?

- 무엇이 당신을 기분 나쁘게 하는가? 삶에서 어떤 요소들이 당신을 화나고 짜증 나고 지루하게 하고 좌절감을 느끼게 하며, 조바심 나게 하는가?

- 인생에서 무언가 옳지 않다고 느껴지는 부분이 있는가? 혹시 직업이나 살고 있는 도시, 가족 상황, 또는 여타의 주변 환경을 바꾸고 싶다는 생각이 드는가? 스스로의 기대치에 부응하며 살고 있는가? 당신의 삶이 스스로의 가치를 반영한다고 생각하는가?

- 성장의 분위기를 제공하는 원천이 있는가? 당신 삶의 어떤 요소가 발전, 배움, 도전, 향상, 정통성 등과 관련이 있다고 생각하는가?

개인의 행복 수준을 결정하는 것은 유전적인 요인이 절반, 생활환경이 10~20% 정도, 나머지는 생각과 행동방식이 결정짓는다고 합니다. 자신의 생각과 행동방식에 따라 행복의 범위를

끌어올리거나 내릴 수 있다고 저자는 말합니다. 아이도 남편도 내 행복을 만드는 주체가 아닙니다. 당신의 행복은 스스로 만들어 나가세요. 단, 아이와 남편을 통해 행복감을 얻을 수도 있습니다.

내가 참을성이 가장 좋았던 때를 글로 표현하기

"원장 선생님." 붕붕이가 어린이집 원장선생님을 부르는 말입니다. 3세(만1세 반) 아이 중에는 자신을 원장 선생님으로 부르는 아이는 붕붕이가 처음이라고 하셨습니다. 붕붕이 16개월차에 언어발달 검사를 했는데, 21개월 발달이라고 나왔습니다. 검사자는 세 돌이 지나야 확실한 결과가 나올 수 있다고 했고, 그때 다시 해보자고 했지만 다시 하지는 않았습니다.

붕붕이는 돌 때쯤 맘마, 엄마, 아빠, 우유 등 단어를 말했고, 두 돌 때쯤 세 단어를 말했고, 32개월 때쯤 자신의 의사를 표현했습니다. 자신이 듣고 싶지 않은 말은 돌리기까지 했지요. "고맙다."라는 말을 듣고 싶을 때는 "엄마, 고맙다고 말해줘."라고 말합니다. 영아 전담 어린이집 선생님은 말이 빠르면 다른 발달도 빠르니 언어 자극이 중요하다고 합니다. 언어가 빠르면 아이와 의사소통이 돼 답답함이 줄어듭니다. 주변 아빠들은 두 돌 전후로 해서 아이가 말을 하니 놀기가 편해진다고 합니다.

언어발달에는 주양육자와의 상호작용이 중요하다는 것은 알고 있습니다. 말 빠른 아기들의 보호자는 자신이 말을 많이 해 준다는 것을 압니다. 나도 말을 많이 하는 엄마입니다. 어떤 형식으로 내가 말을 많이 하는지 정리해보았습니다.

주양육자는 해설자가 되자

스포츠 중계를 보면 경기의 흐름을 알려주는 해설자가 있습니다. 감독, 선수, 경기 룰 등. 전문가가 아니면 알 수 없는 정보를 줍니다. 선수들의 습관도 알려 줄 때가 있습니다. 평소 축구를 보지 않은 나도 월드컵 때 경기를 재미있게 볼 수 있는 건 해설자가 있어서입니다. 아이에게는 양육자가 세상을 이해시키는 해설자입니다. 새로운 장소나 상황이 생기면 설명해 주세요.

"미끄럼틀을 타면 차례차례 타야 돼. 계단으로 올라가서 미끄러져 내려와야 해. 미끄럼틀 아래쪽에 사람이 없을 때 내려와야 한다. 아래로 내려왔으면 일어나서 자리를 양보해야 한다." 미끄럼틀 하나 타는 것에도 많은 규칙이 있습니다. 어른들은 이 규칙이 무의식에 있지만, 아기에게는 없습니다. 아이에게 자세히 이야기해 주세요. 어떤 규칙이 있고, 왜 지켜야 하는지 아이에게 설명해 주면 아이는 규칙을 지킬 확률이 높아집니다.

주양육자는 대변인이 되자

나는 붕붕이의 대변인이라 생각합니다. 붕붕이가 발화하기 전, 사람들을 만나면 내가 인사를 했고, 나이를 물어보면 내가 답했습니다. 상황에 맞는 말을 내가 해주었지요. 아이가 불편해하거나 아픈 경우에도 그랬습니다. 상황에 맞는 대처법이 있다는 것을 알려주고 싶었습니다. 붕붕이가 행동을 하면 그 행동이 어떤 의미인지도 말해주었습니다. 감정도 읽어주었습니다. "쑥스럽다", "속상하다", "화났다", "재미있다", "맛있다" 등. 지금은 내가 소리 지르면 붕붕이는 "엄마가 소리를 질러 속상해."라고 말하며 웁니다.

아이의 행동을 읽어주자

아이가 블록을 쌓으면 블록을 쌓는다고 말하세요. 빨강, 노랑, 파랑. 하나, 둘, 셋 등. 지금 하는 행동을 읽어주면 아이의 행동과 말의 매칭이 빨라집니다. 처음부터 어려운 말을 할 필요는 없습니다. "간질간질"(아기 몸을 간질거리면서), "메롱", "걷다", "달리다", "먹다" 등 각 상황에 맞게 말해보세요. 아이의 문장을 말할 정도가 되면 평소 양육자가 사용하던 단어를 그대로 사용하세요. 아이가 새로운 단어를 익히게 됩니다.

단어와 모션을 함께 하자

나는 붕붕이가 10개월쯤까지는 말만 열심히 했습니다. 진짜 말만 했습니다. "깡충깡충 토끼", "목을 쭈욱 기린". 이렇게 하다 보면 붕붕이가 인지할 거로 생각했습니다. 친정엄마가 손으로 표현해 주라고 했지만, 귀찮아 하지 않았습니다. 어느 날 조리원 동기를 만났는데 아기가 앉아서 토끼를 손으로 표현하는 것을 봤습니다. '내가 모션을 추가하면 붕붕이도 따라하지 않을까?'라고 생각했습니다.

그때부터 모션을 활용했습니다. 토끼는 손을 머리 위에 올려 폈다 오무렸다 했고, 기린은 목을 늘리며 머리를 뒤로 젖혔고, 코끼리는 코를 길게 만들고, 원숭이는 한 손으로는 턱을 잡고 다른 손으로는 턱 한쪽을 긁는 모습을 보여줬습니다. 이 주일쯤 지나자 붕붕이가 하나씩 손으로 표현했습니다. 정확한 모션은 아니었지만, 붕붕이는 따라 하고 있었습니다. 지금도 씻을 때면 '기린 목'하면 머리를 들어 목을 보여줍니다. 이게 아기가 몸으로 말하는 '베이비 사인'입니다.

의성어 의태어로 말해주자

동화책을 보면 이렇게 많은 의성어 의태어가 있나 싶습니다. '의성어 의태어가 필요할까?'라는 의문을 품은 적도 있었습니다. 이것 또한 말이라 아이가 나중에 따라 합니다. 아이가 거

북, 개구리라는 단어를 발화하기 전 엉금엉금, 폴짝폴짝이라고 표현했습니다. 의성어 의태어는 발음이 강한 경우가 많아 아이들에게 각인 효과가 큽니다.

잘못을 지적하지 말자

붕붕이가 사람 많은 곳에서 처음 본 사람에게 아빠라고 불러 당황했습니다. 아빠와 남자 어른은 다른 존재라는 것을 알려주고, 아빠가 아닌 남자 어른이라고 말해주었습니다. 이때 "넌 아빠가 몇 명이야?" 하며 혼내지 마세요. 아이가 가장 많이 본 남자 어른은 아빠입니다. 키가 큰 남자 어른이면 아빠라고 생각할 수 있습니다. 부드럽게 말해주세요. 아이도 자신이 말을 잘하지 못한다는 거 압니다. 힘도 약하고, 하지 못하는 게 많다는 것도 압니다. 아이가 말을 틀려도 지적보다는 양육자가 고쳐서 다시 말해주는 게 좋습니다.

아빠 자극을 이용하자

아빠와 많이 노는 아기가 어휘량이 많다는 연구 결과가 있습니다. 엄마들은 아이가 이해할 수 있는 유아 언어로만 아이와 소통하는 반면, 아빠는 자신의 언어로 아이와 대화합니다. 그 글을 읽고 나는 평소대로 말하고, 붕붕이가 이해할 수 있는 언어로 다시 설명해 주었습니다. 일상 단어를 사용하고 행동을 하니 붕붕이가 자연스럽게 어휘량이 늘었습니다. 출처가 기억나지 않지만, 붕붕이를 키우면서 나에게 강하게 남아있는 내용입니다.

붕붕이가 세 돌 전에 인지한 단어입니다.

- 배웅: 친구가 집에 갈 때 빠빠이 하러 나가는 일
- 마중: 친구가 집에 올 때 문 앞으로 나가는 일
- 주문: "내가 주문한 거야." 어린이집 놀이 시간에 선생님이 피자 누구 거냐고 물었을 때 붕붕이가 한 대답입니다.
- 우회전, 좌회전: 자전거나 이동할 때 우회전, 좌회전할 때 사용합니다. 물론 방향은 모릅니다.
- 빨간불, 초록불 의미를 압니다. 빨간불은 멈추고, 초록불은 가라는 의미인 줄 압니다. "오토바이는 빨간불 잘 안 지켜." 차 안에서 빨간불인데 지나가는 오토바이를 보고 한 말이지요.
- 오른손, 왼손도 편하게 말합니다. 아직 오른쪽 왼쪽 구별 못 해도, 오른쪽과 왼쪽이 다른지 압니다. 신발 신기 전에 짝이 맞는지 확인하고 신습니다. 90% 이상 짝을 맞게 신습니다.

임신하고 다른 사람에게 말 못 하는 당신 마음속에 있는 소리가 있나요? 꼭꼭 숨겨 두었던 것을 꺼내 보세요. 당신이 무슨 생각을 하든, 당신은 옳습니다.

- 아기가 기다려진다.
- 아기를 기다리는 양가 부모님이 안심하겠다.
- 설레는 마음 가득 아이를 기다린다.
- 배 속에서 움직이는 아기가 신기하다.
- 내가 누군가 돌보다니, 힘이 생긴 느낌이다.
- 아이에게 안 좋은 영향력을 끼칠까 걱정된다.
- 아이 양치 방법을 몰라 걱정이다.
- 아이와 뭐 하고 놀지 걱정된다.
- 아이와 하고 싶은 걸 적어보고 싶다.

- 아기가 까다로운 아기일까 우려된다.

- 아기가 어떤 모습으로 웃을지 보고 싶다.

- 남편이 탯줄 자를 때 어떤 느낌일지 궁금하다.

- 탯줄 나도 잘라보고 싶다.

- 아기를 낳을 때 정말 죽을 만큼 아플까?

- 아기가 낮과 밤이 바뀔까 염려된다.

- 아이와 하고 싶은 걸 적어보고 싶다.

임신 전과 달라진 마음속 이야기 써보기

다시 태교할 수 있다면

Chapter 5

너와의 역사를 만들 준비

아이를 낳고 이사를 생각하게 되었고, 아이에게 좋은 환경이 어떤 것인지 고민하게 되었습니다. 학군을 따른 이사에 관심을 가지기도 했지만, 우선은 아이가 잘 놀길 바라는 마음으로 이사를 않기로 했습니다. 아이의 존재는 부모의 삶에도 영향을 크게 줍니다. 이사는 한 가지 예입니다. 주말에 가는 장소, 명절에 고향 집 방문 등 잘했던 일도 아기와 함께라면 더 힘듭니다.

더 먼 미래를 생각하다 보면 지금 눈앞에 보이는 아이의 엉뚱한 행동이 귀엽게 보이기도 합니다. 나는 사춘기 때 붕붕이가 나랑 대화하기 바라는 마음으로 지금 열심히 놀이합니다. 사춘기 때는 친구가 우선이 되니 나랑 놀 시간이 확연히 줄겠죠. 붕붕이가 나랑 놀아주지 않아도 지금 놀았던 것을 떠올리며 추억

다시 태교할 수 있다면

하려고 합니다. 미래에 하지 못한 것을 후회하기보다 현재에
충실하렵니다. 멀리 보면 아이와 함께하는 시간이 짧습니다.
현재를 즐겁게 보는 눈을 키우세요.

육아란?

아이를 돌보는 것. 아이를 낳기 전, 내가 생각한 육아의 정의였습니다. '어린아이를 기름' 인터넷 사전에서 찾은 뜻입니다. 내가 전부라고 예상했던 아이를 먹이고, 씻기고, 놀아주는 것은 기본 중의 기본임을 붕붕이를 만나고서야 알았습니다.

아이를 낳기 전에는 신생아의 평균 잠자는 시간을 몰랐습니다. 조리원에서 나와 집에 있는데 아기가 먹고 씻는 시간 빼고는 잤습니다. 붕붕이에게 이상이 있는 줄 알았습니다. 조리원 동기도 마찬가지였고요. 동기 집에 산후 도우미분이 오셨는데, 먹고 나면 아이를 바로 재웠답니다. 아기 보기 귀찮아 재우나 싶어 도우미를 안 좋게 봤답니다. 나도 도우미분이 오셨다면 그렇게 생각했을 겁니다. 붕붕이는 신생아 때 18~20시간 전후로 잤습니다. 친정엄마가 아기는 먹고 자는 게 일이라 말했어도, 20시간까지 잘 거로 생각지 못했습니다. 16~20시간이 평균 신생아가 자는 시간입니다. 아이가 잠을 충분히 자게 해주세요.

아이의 발달을 이해하기 위해 공부했습니다.『삐뽀삐뽀 119』에 나온 개월별 아기 특징을 읽었고,『똑게육아』를 보며 아이의 수면 패턴을 파악했습니다.『EBS 부모 60분』을 읽으며 아이를 어떻게 키워야 할지 고민했습니다.

붕붕이와 지내며 심리, 뇌과학에 더 관심을 가지게 되었습니다. 모든 엄마가 공부하라는 건 아니지만, 육아가 어떤 것인지 당신만의 정의를 내리고 시작하세요. 자신만의 명확한 정의를 내리면 그 방향으로 아이를 키울 수 있습니다.

'아이가 자립할 수 있도록 돕는 것' 아이를 키우고 공부하며 내린 나의 육아 정의입니다. 선택하는 순간이 오면 붕붕이가 결정하길 기다리려고 노력합니다. 붕붕이가 구름다리를 건너려거나, 내리막길에서 자전거를 탈 때 등 위험해 보이는 순간에 "하지 마." 대신 "네가 할 수 있어?"를 묻습니다. 이렇게 물으면 붕붕이는 한 번 더 생각하고, 할 수 있는지 없는지를 판단합니다. 못 한다고 할 때도 있지만 70% 정도 할 수 있다고 답합니다. 그러면, 나는 하게 합니다. 붕붕이가 한다고 하면 대부분 성공합니다. 나는 지켜보고 있다가, 위험한 순간에 개입합니다. 무조건 못 하게 한다면 내가 안 볼 때 합니다. 이게 더 위험합니다.

육아를 힘든 것, 버티는 것, 부모가 희생하는 것, 어차피 해야 할 일 등의 부정적인 의미로 정하지 마세요. 내 아이가 어떤 아이가 되길 바라는지 방향성을 가지고 정의하세요. 나는 붕붕이가 스스로 좋아하고 싫어하는 것을 알고 선택하는 삶을 살기 희망합니다. 그런 의미의 자립을 바랍니다.

🕐 당신이 정의하는 육아는 무엇인가요?

⸻

⸻

🕐 육아의 핵심은 무엇일까요?

⸻

⸻

🕐 아이 돌보는 일은 당신에게 어느 정도 가치 있나요?

⸻

⸻

다시 태교할 수 있다면

『수나 샘의 중학 수학, 이렇게 바뀐다』의 저자 김용관 님의 강의를 들은 적이 있습니다. 수학을 연구하고 강의하는 작가는 수학 교과서에 나온 단어의 뜻을 사전으로 찾아보는 게 수학을 더 잘하는 방법 중 하나라 말합니다. 단어의 뜻만 정확히 알아도 수학이 더 쉬워진다고요. 육아도 마찬가지입니다. 당신만의 정의를 내리면 육아가 더 즐거워지고, 쉬워집니다. 당신의 사전에 육아를 어떻게 정의하실 건가요? 소중한 아이의 방향성을 정하는 건 부모 즉 당신의 몫입니다.

육아, 하면 떠오르는 걸 글로 표현하기

육아 원칙 1

출산 후 병원에서 3일, 조리원에서 2주, 친정엄마와 3주를 산후조리했습니다. 엄마가 고향으로 가신 후 혼자 하는 육아가 시작되었습니다. 혼자 육아 며칠이 지나고, 붕붕이를 재우는데 잠들지 않았습니다. 전날은 누워서 토닥토닥해주면 잤는데 이날은 그렇지 않았습니다. 삼십 분 넘게 토닥거리고 나서야 잠들었습니다. 붕붕이에게 "제발 자라고, 나 너무 힘들고 지쳐, 넌 자고 싶을 때 자고 먹고 싶을 때 먹지만, 난 그럴 수 없어 너무 힘들어. 제발 날 놓아 줘."라고 말하고 싶었습니다. 아니 소리 지르고 싶었습니다. 아이는 스스로 잠들지 못한다는 건 나중에 알게 되었습니다.

붕붕이가 잠이 들자 나는 신선한 공기를 마시기 위해 바로 옥상으로 향했습니다. 더 정확히 말하면 붕붕이와 공간을 공유하고 싶지 않았습니다. 다음 날 조리원 동기가 원더윅스라고 알려주었습니다. 아이가 정신적으로 성장하는 시기. 즉, 뇌가 발달하는 시기입니다. 이 시기에 아이들은 더 보챕니다. 원인을 알고 나니 마음이 조금 편해졌고, 계속 이러지 않는다는 걸 알고 한시름 났습니다. 이때 아기 혼자 누워서 자는 수면 교육에 대해 알게 되었습니다. 책『똑게육아』를 읽고 바로 시작했습니다.

붕붕이는 원더윅스 때마다 더 보챘습니다. 그럴 때는 더 많이 안아주시고, 관심을 두세요. 아이의 뇌가 자라는 때입니다. 돌 때쯤의 원더윅스 시기에 혼자 자기를 거부했습니다. 수면 의식을 하고 나오면 방 밖으로 따라 나왔습니다. 이때부터 붕붕이가 잠들면 내가 방에서 나오는 식으로 붕붕이를 재웠고, 내가 붕붕이보다 먼저 잠들 때도 많았습니다. 붕붕이가 방문을 열 수 있을 때부터 같이 침대에 눕습니다.

첫 원더윅스 경험 후 "주 양육자가 행복해야 아기가 행복하다."라는 첫 번째 육아 원칙을 세웠습니다. 내가 힘드니깐 붕붕이가 예뻐 보이지 않고, 나를 힘들게만 하는 존재로 보였습니다. 이날 이후 내가 더 만족할 수 있는 육아 방법이 무엇인지 찾아 공부했습니다. 당신의 육아 원칙을 찾아보세요. 다른 사람과 같아도 되고, 당신만의 특색을 살려도 됩니다.

육아 시 당신이 중요하게 생각하는 가치는 무엇인가요?

....

....

육아 시 가장 신나는 일은 무엇일지 예상해 보세요. 무엇일까요?

....

....

육아 시 당신이 고민되는 문제가 있을까요?

....

....

아이를 키울 때 당신은 어떤 모습일 거로 생각하나요?

....

....

  원칙을 사전에서 찾으면 '어떤 행동이나 이론 따위에서 일관
되게 지켜야 하는 기본적인 규칙이나 법칙'이라고 나옵니다. 내
가 들었던 자기계발 강의에서는 삶의 원칙은 '보편타당한 법칙'
이라고 말했습니다. 속담 같은 것. 처음에는 혼자 찾기 어려울
수 있으니 정해져 있는 것 중에서 찾는 것을 추천했습니다. 나
의 육아 원칙도 육아전문가들이 하는 말입니다.

육아하면서 가져야 하는 행동과 마음가짐을 육아 원칙으로 정하세요. 지속해서 꾸준히 지켜나갈 수 있는 법칙. 주변의 엄마들을 보면 자신이 아이에게 많은 걸 해주지 못한다고 불안해합니다. 자신과 친구의 육아 방식을 비교합니다. 정작, 당신의 아이에게 가장 필요한 것은 당신입니다. 아무리 친구 부모가 좋고, 잘 놀아준다 해도 자신이 다치거나 마음이 아프면 자신의 부모를 찾습니다. 친구 부모는 잠깐 놀아주는 대상일 뿐입니다.

내 삶의 원칙을 활용했을 때를 글로 표현하기

육아 원칙 2

어려서부터 내 부모님이 아이들을 왜 낳았는지 궁금했습니다. 두 분 사이가 좋지 않은데, 세 명의 아이라니. 의아했지요. 그때부터 든 생각은 내가 아이를 낳는다면 사이좋은 모습을 보여 주자였습니다.

'두 분이 따로 살면 난 누구랑 살아야 하지?', '엄마가 나랑 안 산다고 하면 어쩌지?'라는 걱정하며 살았습니다. 초등학교 아이에겐 큰 심리적 부담이었습니다. 중학교 이후에는 엄마에게 아빠와 이혼하라는 말을 자주 했습니다. 아빠와 같이 사느니 엄마랑만 사는 게 더 좋을 것 같았습니다. 엄마는 우리에게 아빠 없는 아이라는 소리 안 듣게 하려고 했답니다. 그러나 전 아빠와 따로 살기를 원했습니다. 당시의 나는 공부엔 신경 쓰지 않았습니다. 살아남기에만 급급했습니다.

많은 전문가가 아이에게 최고의 선물은 엄마 아빠의 사이가 좋은 거라고 말합니다. 아이를 키우기 전에는 "그렇구나." 했다면, 아이의 반응을 본 후로는 절대적으로 믿게 되었습니다. 나와 남편의 목소리 톤이 달라지면 아이는 우리를 번갈아 가면서 봤습니다.

나는 방에서 물을 제외한 음식과 간식을 못 먹게 합니다. 먹는 걸 좋아하는 아이가 방에서 먹는다면 부스러기가 많을 것 같아서죠. 돌아다니며 먹는 것도 싫고요. 아이에게 그러다 보니 남편에게도 거실에서 먹으라고 요청합니다. 어느 주말 외출하고 돌아왔는데, 과자봉지가 방에 있었습니다. "방에서 간식 먹었어?"라고 남편에게 물었더니. 남편이 아닌 아이가 아니라고 답했습니다. "다 먹고 가져온 거야." 나와 남편의 대화를 들은 아이가 아빠 편을 들어주더군요. "아빠가 거실에서 먹고 방으로 봉지 가져온 거야?"라고 다시 물으니 그랬다고 했습니다. 그 말을 들으니 할 말이 없어졌습니다. 아이는 아빠를 위해 변명을 해 주었습니다. 아이는 엄마 아빠 사이가 싸우지 않길 바라는 마음이었겠죠.

첫 번째 육아 원칙이 '주 양육자가 행복해야 아이가 행복하다'입니다. 두 번째는 '엄마 아빠 사이가 좋아야 아이가 평온하다'입니다. 육아 시 꼭 지켜나갈 원칙은 어떤 게 있을까요? 당신의 아이가 정서적 금수저로 커가기 위해 필요한 거요.

🌱 육아를 통해서 얻고 싶은 건 무엇일까요?

🌱 아이를 낳으면 어떤 점이 신날까요?

🌱 마음속에 품고 있는 육아 계획이 있나요?

🌱 살면서 중요하게 여긴 교훈이 있나요?

　책『오래된 미래 전통 육아의 비밀』에서는 요즘 육아의 화두를 자존감과 정서 지능이라 말합니다. 이 두 가지가 높은 아이들은 스스로 '행복'할 줄 안다고요.

　경제적인 부분보다는 정서적인 부분이 부모의 노력으로 만들기용이합니다. 많이 사랑해 주고, 많이 안아주고, 많이 받아주세요. 아이가 걸음마 연습할 때 넘어지면 스스로 일어나라고 하지 말고, 안아주세요. 세상에서 넘어지고 다치면 안아줄 사람이 있다는 걸 아이에게 가르쳐 주세요. 아이가 울 때 많이 안아주면 아이는 커 갈수록 울음의 길이가 짧아집니다. 아이는 짧은 시간에도 충분히 위안을 받기 때문이죠.

육아의 원칙이 지켜졌을 때를 상상하며 글로 표현하기

다시 태교할 수 있다면

영유아를 바라보는 나

나는 붕붕이를 낳기 전까지 아기를 안은 적이 서너 번 정도입니다. 아이가 징징 모드를 발동할 것 같으면 바로 아기 부모에게 넘겼습니다. 아기가 내 품에 있는 게 부담이었고, 잘못될까 무섭기도 했습니다.

붕붕이는 기고, 걷고, 달리고 이제는 엄마 가방을 들려고 합니다. 붕붕이가 무언가 하나씩 성공할 때는 신기합니다. 나는 아이의 키가 크거나 몸무게가 느는 것보다는, 전에 하지 못했던 행동을 하거나, 자신이 아닌 타인을 의식할 때 아이의 성장을 느낍니다. 이건 아이를 키워보지 않았다면 몰랐을 것입니다.

붕붕이 아닌 다른 아이를 좋아하지 않습니다. 아이를 돌볼 수 있는 능력이 생긴 것과 아이를 좋아하는 것은 다르죠. 붕붕이 이외의 아이는 눈으로 보는 것만 좋습니다. 나에게 다가오면 부담이 됩니다. 이런 나이지만, 붕붕이와 함께하는 시간은 행복합니다. 내 아이와 타인의 아이는 다르더라고요.

붕붕이와 나랑 노는 것을 보고 가끔 다른 엄마들이 내가 아이에게 화내지 않는다고 놀랍니다. 자신 같으면 화를 열 번도 더 냈을 것인데 침착하다고요. 물론 욱하고 싶을 때도 있지만 참을 때가 더 많습니다. 이유는 두 가지입니다. 첫 번째는 내가 지금 화를 내면, 붕붕이가 사춘기가 되어서 나에게 똑같이 할 것 같아서입니다. 엄마가 나쁜 감정을 바로 표현한다면 붕붕이도 같은 방법을 사용하겠죠. 심리학에서 미러링 효과라 말하는, 본 대로 따라 하는 거요. 좋은 점뿐 아니라 나쁜 점까지 포함해서 따라 합니다. 좋은 것도, 나쁜 것도 아이들은 부모에게서 가장 많이 배웁니다.

두 번째는, 영아의 미성숙성 때문입니다. 아직 체계화된 뇌를 가지고 있지 않아 사리 분별이 힘듭니다. 몰라서 그런 거라고 나를 달랩니다. 엄마가 말한다고 아이는 한 번에 행동이 달라지지 않습니다. 차분히 이야기하면 아이는 받아들입니다. 아이가 '엄마'라는 단어를 말하기까지 삼천 번에서 오천 번을 들어야 말 할 수 있습니다. 붕붕이가 내 말을 이해하지 못할 때는 '내가 삼천 번을 이야기했나?'를 생각하면서 나 자신을 진정시킵니다. 물론 쉬운 일은 아닙니다.

나는 임신 전과 임신 중, 출산 후 아기를 바라보는 시각이 달라졌습니다. 여러분은 어떠신가요? 임신 전과 지금 똑같나요? 달라졌나요?

🌱 당신이 중요하게 생각하는 아기의 모습은 어떤 건가요?

🌱 아기를 키울 때 염려되는 부분이 있나요?

🌱 귀여운 아이에게 기대하는 부분은 무엇인가요?

🌱 가장 어린 시절의 추억은 어떤 걸까요?

프랑스 부모는 아이들에게 '현명해라.'라고 말하고, 미국 부모는 '착하게 굴어라.'라고 말합니다. '현명해라'라는 말속에는 올바른 판단력을 발휘하고, 다른 사람을 의식하고 존중하라는 뜻이 내포되어있습니다. 프랑스 부모들은 자신의 아이가 지혜를 갖고 있다고 믿는다고 책『프랑스 아이처럼』에서 나온 내용입니다.

아이를 한 인격체로 대하고, 믿어 준다면 아이는 부모의 믿음에 보답할 확률이 높습니다. 모든 행동에 부모의 뜻을 따른다는 의미는 아니지만, 많은 부분에서 그렇게 합니다. 아이가 현명하지 않을 때는 알려주세요. 나는 붕붕이가 걷게 되자 외출을 많이 했습니다. 밖에 나갈 때는 "여긴 공공장소야. 공공장소의 규칙을 지켜."라고 말합니다. 어린아이가 공공장소의 뜻을 모른다며 비웃는 사람을 만났습니다. 나도 붕붕이가 공공장소에서의 예절을 알 거라 생각하고 말하지 않았습니다. 다만 집과 밖이 다르다는 것을 느낌으로 알게 해주고 싶었습니다.

다만 식당에서 뛰어다니거나, 다른 테이블에 방해를 주는 행동을 하지는 않습니다. 내 주변을 돌아다녀 시선을 받을 뿐입니다. 식사하는 테이블을 벗어나지 않습니다. 요즘 내 최고의 고민은 붕붕이가 앉아 혼자 밥을 먹게 하는 것입니다.

다시 태교할 수 있다면

영유아와 함께했던 때를 글로 표현해보기

나는 부모다

남: 모성애 있는 엄마와 없는 엄마의 차이를 알겠어.

여: 뭐가 차이냐?

남: 아이를 신생아실에 두고 갈 때, 아이를 향해 뒤돌아보는 엄마와 그냥 가는 엄마의 차이.

여: 난 어떻게 했는데?

남: 돌아보지 않았어.

여: …….

친구 부부가 산후조리원에서 나눈 대화입니다. 나 또한 신생아실 앞에서 뒤돌아보지 않았습니다. 나보다 더 아이를 잘 돌봐주실 분들이 계시는데 걱정할 게 없었습니다.

지인 동생이 아기가 세 명인데, 첫아기를 낳고 그 아기가 자신에게 본딩되는 데 3주가 걸렸답니다. 그분 동생 또한 '아기를 낳고 자신이 이상한가'라는 고민을 했다고요. 모성애가 없는 자신을 어떻게 해야 할지 몰랐다고 합니다. 아기가 내 아기 같지 않고, 엄마가 되면 어떻게 받아들여야 하는지 몰라 혼란스러웠다고 전해 들었습니다. 아기를 받아들이는 데 시간이 필요하다는 것을, 아기 낳기 전에 누군가 알려주었으면 좋았을 거란 말을 들었습니다. 그랬다면, 힘든 게 덜했을 거라고요.

나 또한 모성애가 바로 생기지 않아 생각이 많았습니다. 모성애가 생기지 않은 것에 대해서는 출산, 육아 관련 책에선 나오지 않았고, 모든 엄마에게 있어 보이는 것이 나에게만 없어서요. 출산 직후 생기지 않는 모성애, 나만의 고민이 아니었습니다. 어쩌면 많은 산모가 경험했을 혹은 앞으로 경험할 일입니다.

집에 돌아온 후, 나는 아이를 모시기 바빴습니다. 먹이고, 씻기고, 입히고 재우기. 아이를 사랑할 여력이 없었습니다. 엄마 역할이 아닌 보모의 일을 익혔습니다. 내가 진정 아이를 사랑한다고 느낀 건 아이를 낳고 몇 달이 지난 후였습니다. 아이 표정을 조금씩 읽을 수 있을 때쯤 아이에게 따스한 시선을 보낼 수 있었습니다. 이후 아이의 반응에 관심을 기울이고, 아이와 소통을 시도했습니다. 아이와 함께 있는 시간이 즐거워졌습니다.

아이의 미래는 내가 정할 수는 없었지만, 붕붕이에게 나와 남편과의 추억을 좋은 기억으로 만들어 주고 싶습니다.

🌀 즐거운 마음으로 태교 & 육아를 하려면 어떤 마음가짐으로 해야 할까요?

🌀 아이와 꼭 이루고 싶은 일은 무엇일까요?

🌀 진정한 영웅은 어떻게 만들어질까요?

🌀 부모로서의 당신은 어떤 모습일까요?

초보 엄마가 더 힘들어하는 것은 아이에게 항상 자극을 주고 반응해야 할 것 같은 강박관념이 있기 때문입니다. 전문가들은 의외로 엄마 자신을 괴롭히지 말고 아이를 쉽게 키우라고, 죽을힘을 다하지 말고 쉽게 놀아주라고 조언합니다. 그래야 엄마도 살고 아이도 산다고요. 육아가 힘들다고 느껴지면 그것을 있는 그대로 인정하고 내가 나를 도울 방법이 무엇인지 연구해야 합니다. '아이' 위주로만 생각하면 답이 나오지 않습니다. '엄마'를 중심에 놓고 엄마 문제부터 해결해야 궁극적으로 아이도 잘 키울 수 있습니다. 내가 왜 정신적으로 힘든지, 어디가 아픈지, 식사는 제대로 챙기고 있는지 점검해보세요. 만약 문제가 발견된다면 어디서 도움을 구하고 어떻게 해결해야 할지 방법을 찾아보아야 합니다.

책『EBS 60분 부모』의 성장 발달 편에 나온 내용입니다.

주변 엄마들이 "아이를 어떻게 키워요?"라고 나에게 물으면, 나는 "엄마가 할 수 있는 만큼 해라."라고 말합니다. 한 가지 팁을 드리자면, 아이가 놀이나 장난감에 집중한다면 엄마는 살짝 빠져서 지켜봐 주세요. 이때 엄마에게는 잠깐의 짬이 생기고, 아이에게는 집중력이 생깁니다. 장난감을 잘못된 방법으로 조작해도 위험하지 않으면 그냥 두세요. 아이가 먼저 놀이를 시작하면 양육자는 지켜보세요. 아이의 집중력과 창의성은 '부모의 지켜보기'에서 생겨납니다.

모성애와 부성애에 대해 글로 표현해보기

다시 태교할 수 있다면

　많은 육아서가 있지만, 태교 시 꼭 읽었으면 하는 책 6권을
추천합니다. 『임신 출산 육아 대백과』는 임신 때와 육아 초창기
에 많이 봤던 책입니다. 『똑게 육아』와 『EBS 부모 60분』을 읽으
면 아이의 신체 리듬과 발달을 알게 되어 아이의 컨디션 관리에
도움이 될 것입니다. 『모신』과 『마더 쇼크』, 『파더 쇼크』를 읽으
면 부모가 가져야 하는 마음가짐과 당신의 심리를 알게 되어 당
신에게 도움이 될 것입니다.

임신 출산 육아 대백과

나의 임신 사실은 안 시누이에게 받은 책입니다. 월별 태아의
발달 및 필요한 영양분 등이 자세히 나와 있습니다. 챕터 1에
있는 팁들도 『임신 출산 육아 대백과』에서 거의 가져왔습니다.

태아 & 아이에 대해 자세히 알고 싶다고 보세요.

똑게 육아

육아 전문가가 아닌 직장맘이 낸 육아서입니다. 붕붕이 5주 차에 조리원 동기가 추천한 책입니다. 아이들의 평균 수면 시간, 먹놀잠의 패턴, 원더 윅스 등 붕붕이 초반 생활습관 형성에 막대한 영향을 끼친 책입니다. 일반인이 낸 책임에도 전문 지식이 들어가 있습니다. 내가 책을 쓴다면 이런 책을 쓰고 싶다고 할 정도로 잘 쓰여진 책입니다. 수면 교육을 하지 않더라고 꼭 읽어 보세요. 아이의 생활 패턴을 아는 데 많은 도움이 됩니다.

EBS 부모 60분 성장 발달 편

EBS 부모 60분은 다른 편도 많이 있습니다. 다들 도움이 되는 책이지만, 초보 부모라면 성장 발달 편을 추천합니다. 육아 시 큰 틀을 잡는 데 도움이 되실 겁니다. 개월별 아이의 신체 발달 특징과 뇌 발달에 단계에 대해 나와 있습니다. 아이의 발달 순서를 아는 데 도움이 됩니다.

모신

부모 됨에 대한 마음가짐에 관한 책이라며 지인에게 선물 받은 책입니다. 육아는 시간이 지나면 당연히 되는 것, 아이는 스스로 크는 것이라는 생각에서 벗어나게 해준 책입니다. 부모가 된다는 것, 엄마가 된다는 것에 대해 사색하게 만든 책입니다. 특별하지만, 특별하지 않은 방법들이 나와 있습니다. 가볍지만 가볍지 않아 좋은 책입니다.

마더쇼크 & 파더쇼크

현재를 살아가는 엄마 & 아빠의 심리와 불안함을 알게 해준 책입니다. 부모들이 육아를 어려워하는 이유가 무엇인지 알게 해주었습니다. 나는 EBS 다큐프라임을 보고 책을 후에 접했고, 영상보다 책에 더 많은 내용이 들어가 있습니다. 육아가 다른 사람보다 더 힘들다고 느낀다면 꼭 보세요.

삐뽀삐뽀 119

영유아 대상 학습지 교사를 할 때 아이들 집마다 있던 책입니다. 처음에는 학습지 회사에서 나눠 준 줄 알았습니다. 선배 교사에게 물어보니 엄마들 사이에서 유명한 책이라 했습니다. 아이가 초등학생인 지인에게 책을 달라고 했더니, 지금도 필요하면 열어본다고 하나 사주겠다고 말했습니다. 오랜 기간 동안 꾸준히 부모들에게 사랑받은 책입니다. 소아청소년과 의사인 저자는 새로운 정보로 개정판을 꾸준히 내고 있습니다.

아기가 태어난다면 하고 싶은 게 있으신가요? 아이의 나이를 생각하지 않고 적어보세요. 아이와 함께 할 일이 있으면 아기가 더 기대됩니다.

- 한 이어폰으로 같이 음악 듣기
- 가족 옷 입기
- 성장 기록하기
- 매년 같은 장소에서 같은 포즈로 사진찍기
- 전시관, 박물관 다니기
- 같이 질문하고 대화 나누기
- 가족 칭찬하기
- 보드게임
- 둘이서 여행 가기

- 드라이브하며 대화하기

- 커플 자전거 타기

- 기차 여행

- 집이 아닌 곳에서 한 달 살아보기

- 마주 보고 상대방 웃기기

- 바닷가에서 불꽃놀이

- 캠핑 가기

- 올레길 걷기

- 비행기에서 웃으며 대화하기

- 엄마가 읽는 책을 같이 보면서 대화하기

- 멍 때리기

- 영화/연극/뮤지컬 보고 소감 나누기

- 이성 친구 소개받기

- 팔짱 끼고 산책

- 셋(나, 남편, 아기)랑 남산 가위바위보하며 계단 오르기

- 셋이 등산

내 아이와 하고 싶은 버킷 리스트

다시 태교할 수 있다면

Bonus 1 먹(고), 놀(고), 잠(자고)

나는 모든 아기가 잘 놀고, 잘 먹고, 잘 자는 줄 알았습니다. 아니었습니다. 양육자가 챙겨야 한다는 건 붕붕이와 함께 한 후에 알게 되었습니다. 아이는 스스로 할 수 있는 게 거의 없습니다. 먹고 잠드는 것도 못 합니다. 표를 만들어 깨어있는 시간 자는 시간, 기저귀 간 것을 표시하고 응가 한 것을 정리했습니다. 아이 패턴을 아는 데 도움이 되었습니다. 아이 패턴을 정리할 수 있는 앱이 많습니다.

아기가 울면 달래기 위해 부모가 가장 많이 사용하는 것은 먹는 것과 쪽쪽이입니다. 모유 수유를 한다면 모유로 달래는 경우를 주위에서 많이 봤습니다. 구강기이다 보니 입에 뭘 넣어주면 대부분 달래집니다. 책『삐뽀삐뽀 119』에서 아기가 졸리거나 보챌 때 달랠 목적으로 먹이지 말라는 글귀를 봤습니다.

힘들 때마다 먹여서 달래주면 비만이 되기 쉽고, 어른이 되어서 힘든 일이 생기면 먹어야만 괴로움을 달랠 수 있게 됩니다.

책에서는 어른이 된 후라 했지만, 놀이터에서 보면 양육자 중 먹여서 달래는 경우가 많습니다. 캐러멜, 사탕 등 단 걸 많이 줍니다. 습관적으로 주는 경우도 많습니다. 단것을 많이 먹은 아이가 밥을 잘 먹을까요? 밥을 먹지 않아도 맛있는 것을 주는데 영양가 많은 밥을 먹을까요? 아니라고 단언합니다. 체질별로 잘 먹는 아이가 있고 없기도 하지만, 양육자의 먹이는 습관도 중요합니다.

운다고 먹는 걸 바로 주면 아기는 먹기 위해 울기도 합니다. 심심하면 입에 무언가를 넣기 위해 울기도 합니다. 초콜릿, 사탕을 먹기 위해 놀이터에서 다른 아이를 때리는 아이도 봤습니다. 사고를 치면 엄마가 놀이터 앞 마트를 가는 걸 알기 때문이죠. 아이들을 무시하지 마세요. 아기들은 하고 싶은 걸 하기 위해 상황 파악이 빠르고, 자신의 목적을 이루기 위해 부모가 싫어하는 행동도 합니다.

이유식부터 혼자 먹게 하세요. 아이가 처음부터 숟가락을 들 수 없습니다. 손을 씻기고 손으로 먹어도 됩니다. 붕붕이가 8개월쯤 되니 혼자 먹으려고 손을 뻗길래 혼자 먹게 했습니다. 촉감 놀이라 생각했습니다. 재료마다 느낌이 다를 거고, 색이 다르니 그렇게 하게 했습니다. 붕붕이는 돌쯤 친구 엄마가 밥을 먹여주는 모습을 본 후 스스로 밥을 안 먹었습니다. 그때 숟가락을 손에 쥐어줘야 했는데, 내가 먹여줬습니다. 아직도 후회하는 부분입니다.

6개월부터 컵으로 물 마시는 것을 연습하고, 8개월부터 숟가락을 쥐어 줘도 됩니다. 처음부터 잘하지 못합니다. 말 그대로 연습입니다. 아기 컵이라고 해도 작은 아기에게는 부담될 수 있습니다. 작은 소주잔으로 연습시킨 후 손잡이 달린 아기 물컵으로 넘어가세요. 유리컵이 깨질 것 같다면 종이컵을 주는 것도 한 괜찮습니다. 작은 컵에 익숙해지면 큰 컵에 적응이 빠릅니다.

'먹놀잠'은 책『똑게 육아』에서 알게 된 용어입니다. 책에서는 먹(고), 놀(고), 잠(자고) 또는 놀(고), 먹(고), 잠(자고)의 순서에 상관없다고 합니다. 배고플 때 먹이면 된다고요. 책에는 아이 울음 구별법이 나와 있지만, 나는 아직도 아이 울음소리 구별이 아직도 어렵습니다. 배고파서 우는 소리를 알아차리지 못해, 먹놀잠을 택했습니다. 놀고, 자면 두세 시간이 지나니 뱃구레가 작은 아기는 배고파할 시간입니다. 먹놀잠 혹은 먹잠놀이든 패턴을 만들면 자연스럽게 뱃구레는 커집니다. 아이도 패턴에 익숙해져 받아들이기도 편하고요.

아기들은 잘 먹으면 잘 놀고, 잘 잡니다. 아이를 만난 후 내가 어디까지 해줘야 하는지에 대해서 항상 고민합니다. 아이 스스로 해야 할 부분과 내가 도와주는 부분을요. 육아는 고민의 연속이라는 걸 실감합니다.

다시 태교할 수 있다면

수면 교육이라는 말은 육아하면서 처음 들었습니다. 눕히면 스스로 자는 줄 알았습니다. '잠은 혼자서 스스로 자는 게 아니야?'라는 생각은 아이에 대해 몰랐을 때 할 수 있는 말입니다. 아이는 스스로 잠들지 못합니다. 양육자가 도와줘야 잠이 듭니다. 잠자는 문화를 만들어 아이 스스로 잠들게 하는 게 수면 교육입니다.

수면 교육할 때 울음이 수반돼 반대하는 사람도 많습니다. 울음은 아이의 의사 표현입니다. 아기가 적응하기 위해 표현하는 겁니다. 태아일 때와 아기일 때는 환경이 다릅니다. 환경이 달라져 불편함, 불안함을 표현하는 거로 받아들이세요. 기질이 까다로워 더 심하게 우는 아이가 있을 수 있습니다. 책『삐뽀삐보 119』의 소아·청소년과 전문의 하정훈 선생님은 '기질은 못

바뀌어도 행동은 바뀐다'라고 말합니다. 아기를 믿고 수면 교육한다면 성공합니다. 아기들은 당신이 생각하는 것보다 강합니다.

수면 교육에는 호불호가 있습니다. 반대하는 견해는 아기가 적응하기까지 울음이 수반되고, 아이가 엄마와 떨어지기 때문에 정서적 불안감을 느낀다는 겁니다. 나는 내가 살고자 수면 교육을 했습니다. 남편은 아이의 우는 소리가 듣기 싫어 반대했지만, 2주만 해보고 그때도 울면 그만두겠다고 했습니다. 2주가 채 가기 전에 붕붕에게 수면 의식을 하고, 내가 방에서 나오면 붕붕이는 스스로 잠들었습니다. 내가 편해졌고, 힘든 게 덜하니 낮시간에 붕붕에게 더 집중할 수 있습니다.

나는 수면 교육의 효과를 크게 두 가지로 봅니다. 첫 번째로 아이는 잘 자면 깨어있을 때 칭얼거림이 많지 않습니다. 충분한 숙면이 아이뿐 아니라 성인에게도 좋다는 건 다 알고 있습니다. 잘 크기 위해선 잘 먹고, 잘 자고, 운동해야 합니다. 수면 교육은 아이에게 깊은 잠을 선물합니다.

두 번째는 양육자의 피로를 풀 시간을 줍니다. 아이가 일찍 잘 자면 양육자는 휴식을 취할 수 있습니다. 아이가 잘 때 컨디션을 회복하면 다음 날 질 좋은 양육에 도움이 됩니다. 몸이 피곤하면 아이에게 짜증을 쉽게 냅니다. 주 양육자의 짜증이 줄면 아이와 긍정적인 애착 형성에 도움이 됩니다. 아이를 재우기 위해 2시간을 짐볼 위에서 매일 앉아서 뛰는 엄마를 본 적이 있습니다. 이게 계속된다면, 양육자의 피로감이 누적될 거는 안 봐도 뻔한 일입니다.

수면 교육을 반대하는 입장은 아이는 돌 지나면 잘 자는데 그 전에 꼭 울러 재워야 하느냐고 합니다. 맞는 말일 수 있습니다. 하지만 주 양육자가 피곤하면 쉽게 지치고 아이에게 짜증 낼 확률이 높습니다. 이때 주 양육자의 컨디션이 좋다면 육아 만족도가 올라가고, 양육의 질도 올라가는 건 당연한 결과입니다.

눕히면 잘 자는 아이에게 수면 교육이 필요하지 않습니다. 붕붕이는 그렇지 않기 때문에 했습니다. 주변 아이 중에는 네 돌이 지나도 밤마다 자다 깨는 아이가 있습니다. 잠이 들기까지, 통잠이 어려운 아이들에게 필요한 게 수면 교육입니다. 엄마가 자다 자주 깬다면 엄마의 수면 패턴이 아이에게 영향을 줄 수 있습니다. 예민한 양육자라면 아이와 다른 방에서 자는 게 아이가 더 깊은 잠을 잘 수 있습니다. 아이에게 꿀잠을 엄마에게 통잠을 선물하게 됩니다. 엄마라면 수면 교육에 대해 알아보세요.

수면 교육에 대해 자세히 알고 싶으시면, 책『똑게 육아』와 『서천석의 아기와 나』33회(삐뽀삐뽀 건강 상식 10가지) 하정훈 편에 자세히 나옵니다. 수면 교육은 아이를 울리는 교육이 아닙니다. 아이에게 잠자는 방법을 알려주는 교육입니다.

소아청소년과 의사 하정훈이 말하는 수면 교육의 3원칙

- 8시 이전에 재우기(해지기 전에 재우기)
- 등 대고 재우기(아기 스스로 잠들기)
- 15분 이상 수면 의식하기(노래 불러주기, 책 읽기, 일과 이야기 등)

아이를 키우다 보면 많이 듣는 말이 '손 타니 아이를 많이 안아주지 말아라.'와 '스킨쉽이 아기 정서에 중요하니, 많이 안아줘라.'라는 말이 있습니다. 상반되는 두 가지 말. 어떤 게 맞을까요? 결론부터 말하자면 둘 다 맞습니다.

아기가 내려놓으면 우는 것은 아프지 않은 이상 졸린 경우가 많습니다. 컨디션 좋을 때 아기를 내려놓으면 웃습니다. 모빌도 보고, 바운서에도 오래 앉아 있습니다. 좋아하는 장난감도 졸리면 다 귀찮아하지요. 아기가 4개월이 되면 낮잠 횟수도 줄고 잠 패턴이 성인과 비슷해집니다.

눈 감으면 바로 깊은 잠이 들었던 아기들이 4개월이 되면 깊이 잠들기까지 15~20분 정도 소요됩니다. 붕붕이는 백일이 지나고 안아서 잠들어 눕히면 바로 깨었습니다. 운 좋게 그대로 잠을 잤다 해도 한 시간쯤 지나면 깨어나기 일쑤입니다. 흔히들 이 상태를 '손탔다'라고 말합니다. 수면 교육을 하면 아기가 스스로 누워서 자니 자다 깰 일이 거의 없고, 푹 자고 일어난 아기는 컨디션이 좋습니다.

아이는 많이 안아주되 잠은 눕혀서 재우세요. 아이의 수면 패턴을 알고 아이가 충분히 잠을 자게 해주세요. 그러면 아이는 손타지 않습니다.

수면 교육을 하지 않아도, 돌 지나면 아기는 잘 자니 수면 교육을 할 필요 없다는 말도 합니다. 수면 교육을 하는 이유는 손 안 타고 잘 노는 아기로 만드는 방법이기도 합니다. 다시 말하지만 교육입니다.

교육학에서 교육목표를 정할 때 'CAN'. '~를 할 수 있다.'로 정합니다. 교육 전과 후에 차이가 있어야 합니다. 수면 교육은 교육입니다. 아기 스스로 잠들게 하는 교육. 배변은 훈련입니다. 익히도록 가르치는 교육과 되풀이해서 연습하는 훈련에는 차이가 있습니다.

아기가 할 수 있게 알려주는 것 혹은 하면 안 되는 것을 알려주는 것입니다. 그게 교육입니다. 교육 시 양육자의 단호함도

다시 태교할 수 있다면

중요합니다. 많은 부모가 하지 말라고 하지만 말속에는 단호함 없이, 아기를 사랑하는 마음만 담아 "하지 마."라고 합니다. 단호함은 보이지 않습니다. 그런 "하지 마."는 아이의 잘못된 행동을 계속하게 만듭니다. 당신의 아기를 위해서 단호함과 매정함을 키우세요.

태교는 엄마 아빠가 함께하는 것

이 책의 마무리는 남편에 관련된 이야기를 하려고 합니다. 잦은 야근과 기회만 있으면 침대에 누우려는 남편을 볼 때면 감정 조절이 안 될 때가 있었습니다. 나만 부모가 아니고, 둘이 함께 부모인데, 아이와 노는 걸 나에게만 맡기는 것 같았습니다. 가끔 남편은 아이 자체를 힘들어하는 것 같기도 합니다.

그런 남편이 아빠인 걸 확인하는 날이 있었습니다. 친정 오빠가 위험자산에 투자하라고 조언했는데, 남편은 위험한 투자보다는 안정을 추구한다고 했습니다. 나와 붕붕이를 책임져야 하기 때문이라고 덧붙였고요. 남편은 아이와 노는 것보다 경제적인 안정이 아빠의 역할이라 생각합니다. 남편에게 "아빠의 역할이 뭐라 생각해요?"라고 물은 적이 있었습니다. 그때도 비슷한 말을 했던 게 떠올랐습니다. 가정의 경제를 책임지는 게 자신의 역할이라 생각하는 남편에게 붕붕이와 놀이를 강요한 거였습니다.

책 제목 그대로 만약 태교 때로 다시 돌아갈 수 있다면, 나는 남편과 많은 대화를 할 겁니다. 아이에게 바라는 점, 자신이 되고 싶은 아버지상, 남편이 좋아하는 놀이, 남편과 아버님의 좋았던 추억들에 관해 물어볼 겁니다. 남편을 알아야 남편과 아이와의 관계 맺는 법을 설계할 수 있으니깐요. 요즘은 많은 아빠가 아이와 즐겁게 지냅니다. 하지만, 생각보다 많은 아빠가 아이와 노는 법을 알지 못합니다. 같은 공간에 있으면 아이와 논다고 생각합니다. 간식을 주고 텔레비전을 보여주는 것을 아이와 함께한다고 생각합니다. 물론 그 시간도 아이는 즐겁게 기억할 수 있습니다. 나의 기준치가 높다는 말을 남편은 자주 합니다. 네, 압니다. 그래도 낮출 수는 없습니다. 내 아이를 위한 일이니깐요.

태교 때부터 배우자와 아이에 관해 대화를 많이 하세요. 아이가 태어났을 때의 변화와 육아 방법에 관해서요. 부부 둘 사이의 합일점을 찾기 어려워도 중도의 길은 찾을 수 있으니깐요. 중도를 찾지 못하더라도, 둘 생각이 다름을 아는 것만으로 큰 성과입니다.

오은영 박사님의 강의를 들었습니다. "아이를 교육하려고 할 때, 한 번에 하나씩만 알려줘라. 두세 단계를 알려주면 아이는 하지 못한다. 한 번에 하나씩만 교육하라."라고 강조했습니다. 배우자도 마찬가지입니다. 한 번에 많은 걸 바꾸려고 하면 싸웁니다. 시간이 걸리더라도 길게 보고, 하나씩만 맞춰가세요. 배우자도 당신과 같은 마음이길 바라면서요.

도서

— 『개인주의자 선언』 문학동네. 문유석. 2015년 12월
— 『내 자녀를 위한 감정코칭』 존가트맨, 최성애, 조벽. 한국경제신문. 2011년 5월
— 『내 아이랑 뭐하고 놀지?』 임미정. 학지사. 2018년 3월
— 『똑게 육아』 로리(김준희). 아우름. 2016년 4월
— 『마더쇼크』 EBS 다큐프라임 제작팀. 중앙북스 2013년 5월
— 『모신』 임종렬. 한국가족복지연구소. 2013년 7월
— 『무조건 행복할 것』 그레첸 루빈. 전행선 역. 21세기북스. 2010년 12월
— 『변화를 이끌어내는 질문의 힘 질문력』 가와다 신세이. 한은미 역. 토트출판사. 2017년 10월
— 『베이비 브레인』 존 메리나 지음. 최성애 역. 프런티어. 2011년 4월
— 『서번트 리더십』 제임스 C 헌터. 김광수 역. 시대의 창. 2013년 4월
— 『성공하는 사람들의 7가지 습관』 스티븐 코비. 경경섭 역. 김영사. 2005년 9월
— 『아이의 자존감을 높이는 7단계 대화법』 최유경. 프리뷰. 2015년 9월

— 『엄마의 빈틈이 아이를 키운다』하지현. 푸른숲. 2014년 2월

— 『오래된 미래 전통 육아의 비밀』EBS 〈오래된 미래 전통 육아의 비밀〉 제작팀. 김광호, 조미진. 라이온북스. 2012년 7월

— 『유아전통 교육_창지사』전남련 외 2. 2012년 2월

— 『임신출산 육아 대백과』편집주. 삼성출판사. 2010년 4월

— 『질문이 답을 바꾼다』앤드루 소벨, 제럴드 파나스. 안진환 역. 어크로스. 2012년 10월

— 『질문의 힘』제임스 파일, 메리앤 커린치. 권오열 역. 비즈니스북스. 2014년 7월

— 『첫 아이 맞춤 태교 백과』문미화. 내일을 여는 책. 2009년 1월

— 『파더쇼크』EBS 다큐프라임 제작팀. 중앙북스 2013년 10월

— 『프랑스 아이처럼』파멜라 드러커맨. 이주혜 역. 북하이브. 2014년 4월

— 『혁신가의 질문』박영준. 북샵일공칠. 2017년 2월

— 『EBS 60분 부모_성장발달 편』EBS 생방송 60분 부모 제작팀. 지식채널. 2011년 2월

논문

— 태교운동 프로그램이 임산부의 스트레스, 불안 및 태아 애착에 미치는 효과(명지대학교_남서원_ 2016. 2.)

— 초보 아버지들의 양육 특성과 아버지 됨의 변화과정(배재대학교 대학원 석사논문_김영두_2010)

— 출산 여성의 태교 인식과 실천 태교 효과에 관한 연구_경남과학기술대

학교(사회복지대학원 아동학 전공_박세빈_2014. 2)

신문기사

— 중앙일보_[장원석의 앵그리2030] ⑤"男 100만원, 女 64만원?"…'미투 없는 사회' 출발은 고용 평등_2018. 4. 9.
https://news.joins.com/article/22517665

— JTBC뉴스_[탐사플러스] 공무원·건물주가 '꿈'…청소년들의 현주소_2016. 02. 29.
http://news.jtbc.joins.com/article/article.aspx?news_id=NB11183269

— 매일경제_ 중·고생 48% "창업에 관심은 있지만"…선호직업 1위 "장래희망? 그래도 교사"_2017. 12. 25.
http://news.mk.co.kr/newsRead.php?no=850846&year=2017

— 보건뉴스_ 산후우울증 치료율 1% 정도에 불과해_ 2018. 6. 19.
http://www.bokuennews.com/news/article.html?no=161222

— 이데일리_10명 중 3명 출산 후 '자살충동'…맘카페 글 올리고 셀프처방 2018. 12. 7.
https://www.edaily.co.kr/news/read?newsId=01331686619436224&mediaCodeNo=257&OutLnkChk=Y

— 하이닥_가진통 vs. 진진통, 분만이 다가온다는 신호 구분하기_2017. 4. 4.
https://www.hidoc.co.kr/healthstory/news/C0000208710
조상들의 지혜를 엿볼 수 있는 '전통 태교법'_2010. 11. 19.

https://www.ibabynews.com/news/articleView.html?idxno=630

— 베이비뉴스_'태교신기' 태교·육아법의 현대적_2012.12.07.

https://www.ibabynews.com/news/articleView.html?idxno=76207

— 가진통 vs. 진진통, 분만이 다가온다는 신호 구분하기

https://www.hidoc.co.kr/healthstory/news/C0000208710 | 하이닥

기타

— 2019 통계청 생활시간 조사 결과

https://www.kostat.go.kr/portal/korea/kor_nw/1/6/4/index.board?bmode=read&bSeq=&aSeq=384161&pageNo=1&rowNum=10&navCount=10&currPg=&searchInfo=&sTarget=title&sTxt=

— https://terms.naver.com/entry.nhn?docId=2119993&cid=51004&categoryId=51004

〈클레이 질문카드_부모 편〉

〈클레이질문카드_인생 편〉